多频多模GNSS PPP 非组合模糊度固定方法和关键技术研究

柳根 著

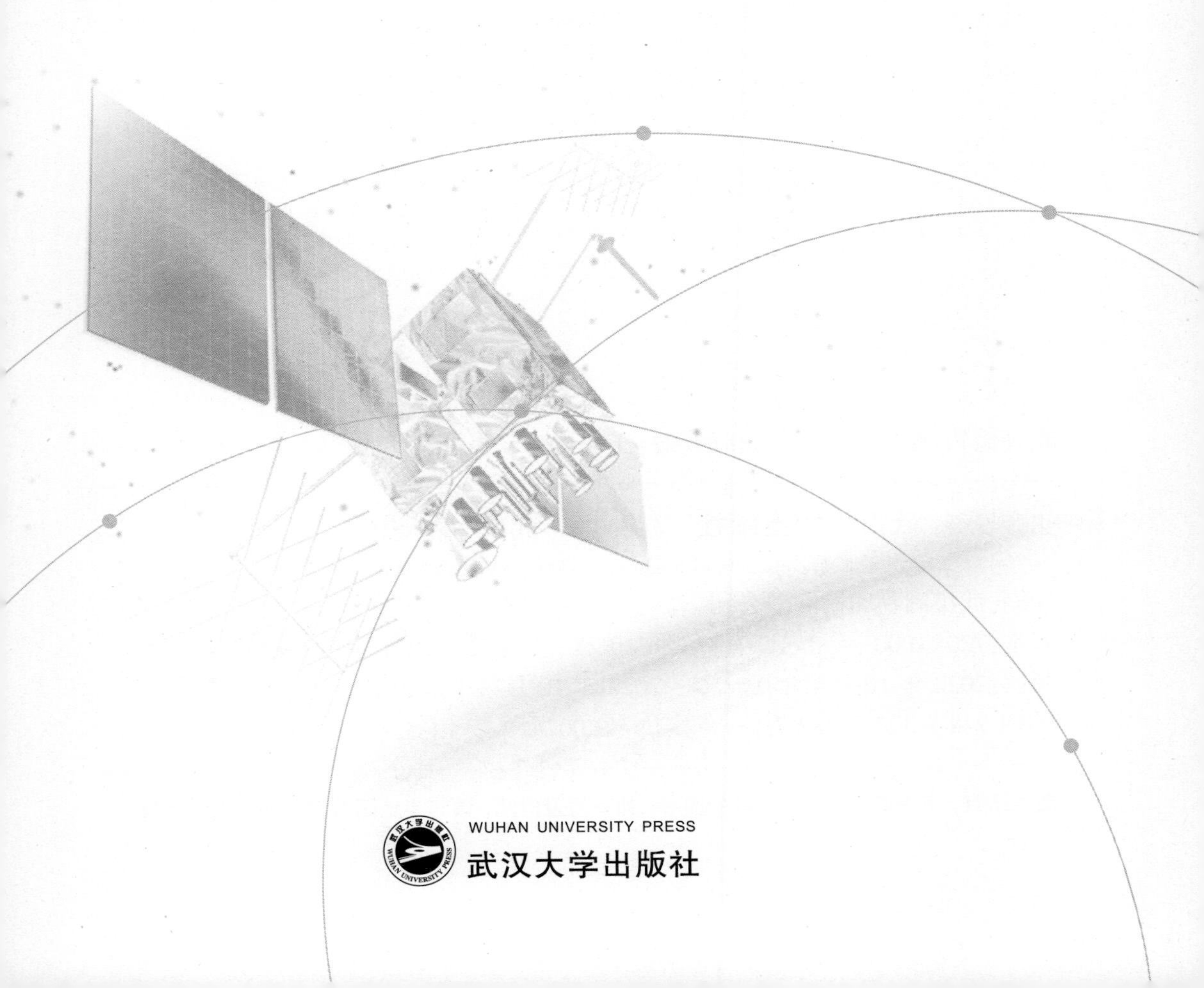

WUHAN UNIVERSITY PRESS
武汉大学出版社

图书在版编目(CIP)数据

多频多模 GNSS PPP 非组合模糊度固定方法和关键技术研究/柳根著.—武汉：武汉大学出版社，2022.10

ISBN 978-7-307-23287-7

Ⅰ.多… Ⅱ.柳… Ⅲ.卫星导航—全球定位系统—模糊度—研究 Ⅳ.P228.4

中国版本图书馆 CIP 数据核字(2022)第 159536 号

责任编辑:鲍　玲　　责任校对:汪欣怡　　版式设计:马　佳

出版发行：**武汉大学出版社**　(430072　武昌　珞珈山)

(电子邮箱：cbs22@ whu.edu.cn　网址：www.wdp. com.cn)

印刷:武汉图物印刷有限公司

开本:720×1000　1/16　印张:10.25　字数:162 千字　插页:1

版次:2022 年 10 月第 1 版　2022 年 10 月第 1 次印刷

ISBN 978-7-307-23287-7　定价:49.00 元

前　言

随着美国GPS系统的现代化，俄罗斯GLONASS系统的复兴，以及中国BDS系统和欧盟Galileo系统的相继建设，同时这些卫星导航系统大部分可播发三个频率以上的信号，使得全球导航卫星系统（GNSS）进入到了多频多系统时代，多系统GNSS可提供更丰富的观测信息，同时使卫星和接收机间的几何强度得到增强，有利于定位性能的提高。多频率GNSS信号可改善模糊度搜索空间，提高模糊度解算效率，加快模糊度的解算速度。多频多系统GNSS的出现无疑为精密单点定位（PPP）快速模糊度固定带来新的机遇。近年来，虽然有许多学者对多频多系统PPP浮点解和固定解展开了深入的研究和讨论，但仍然有诸多问题需要解决：例如，虽然非组合PPP模型有诸多优点，被视为多频多系统PPP数据处理的统一模型，但对非组合模型的缺点认识得还不够，不同频率非组合模糊度通常具有高度相关性，这给基于非组合模型的卫星未校准相位硬件延迟（UPD）估计带来了困难；另外，高维度以及高相关性的非组合模糊度也会对快速模糊度确定带来不利的影响；此外，额外频率的观测值对PPP快速模糊度固定带来多少增益以及多频多系统PPP中的各种偏差如何有效统一地处理等一系列问题仍然有待进一步探讨。

本书聚焦上述关键问题，围绕多频PPP的函数模型、多频PPP误差处理、多频PPP数据预处理和参数估计方法、多频卫星原始频率相位偏差估计、多频非组合模糊度快速固定方法、多频卫星偏差统一改正方法以及多频多系统模糊度融合固定方法等多方面展开深入研究和讨论。在研究和讨论过程中，本书提出了一些新技术和新方法，主要包括：提出了利用最大降相关组合估计原始频率UPD，提出了适用于非组合PPP模型的多信息多频逐级模糊度固定方法以及多频非组合PPP绝对卫星偏差统一改正等方法，这些新方法和新技术为高效利用多频多系统 GNSS 观测值实现 PPP 非组合模糊度快速固定提供了一些解决思路。

全书共分 7 章：第 1 章总结和分析 PPP 技术的产生和发展，分析目前制约 PPP 技术发展的瓶颈问题，确立了本书的研究内容；第 2 章主要介绍多频 PPP 浮点解的基本原理和定位性能；第 3 章主要研究多频原始频率 UPD 估计方法，针对不同频率非组合模糊度之间的强相关性，提出利用最大降相关组合估计原始频率 UPD 的方法；第 4 章重点研究多频非组合 PPP 模糊度快速固定方法，提出了非组合 PPP 多频多信息逐级模糊度快速固定方法；第 5 章重点研究多频非组合 PPP 中卫星偏差的统一改正方法，首先，推导并构建了同时顾及卫星时变偏差和时不变偏差的三频非组合 PPP 模型，然后，针对多频非组合 PPP 固定解，提出了绝对卫星伪距偏差和相位偏差的统一改正方法；第 6 章主要研究基于 IGS 实时产品的 GPS/Galileo 双系统三频 PPP 模糊度固定方法，提出了同时顾及频率缩放因子和系统缩放因子的多频多系统非组合 PPP 随机模型，同时提出了双系统三频非组合模糊度融合方法；第 7 章总结全书的主要研究成果，并对未来研究工作提出了一些想法。

在本书的研究以及撰写过程中，得到了武汉大学张小红教授的悉心指导和帮助，同时，得到了北京市自然科学基金（4214069）、北京建筑大学市属高校基本科研业务费项目（X21022）、城市空间信息工程北京市重点实验室经费资助项目（课题编号：20220112）以及中国博士后科学基金（2020M680322）的支持，在此一并表示感谢！

希望本书能对从事测绘、导航以及相关专业的教学、科研人员以及工程技术人员有所帮助。由于作者水平有限，书中的错误和不足之处在所难免，恳请读者批评指正。

缩写索引

BDS	BeiDou Navigation Satellite System	北斗卫星导航系统（中国）
BKG	Bundesamt für Kartographie und Geodäsie	德国联邦大地测量局
CIR	Cascaded Integer Resolution	逐级整数（模糊度）固定
CNES	Centre National d'Etudes Spatiales	法国国家太空研究中心
CODE	Center of Orbit Determination in European	欧洲定轨中心
DCB	Differential Code Bias	差分码偏差
DLR	Deutsches Zentrum für Luft- und Raumfahrt	德国宇航局
ESA	European Space Agency	欧洲空间局
EWL	Extra Wide Lane	超宽巷
FCB	Fractional Cycle Bias	（相位）小数周偏差
FDMA	Frequency Division Multiple Access	频分多址
FOC	Full Operational Capability	全负荷运行卫星
GEO	Geostationary Earth Orbit	地球同步轨道
GFZ	GeoForschungsZentrum, Germany	德国地学研究中心
GIM	Global Ionosphere Maps	全球电离层图
GLONASS	GLObal Navigation Satellite System	全球卫星导航系统（俄罗斯）
GMF	Global Mapping Function	全球投影函数
GMV	GMV Aerospace and Defense	西班牙航空航天研究中心
GNSS	Global Navigation Satellite System	全球导航卫星系统（统称）
GPS	Global Positioning System	全球定位系统（美国）
HMW	Hatch-Melbourne-Wübbena	HMW 组合
IERS	International Earth Rotation System	国际地球自转服务组织
IFB	Inter-Frequency Bias	频间偏差

续表

IFCB	Inter-Frequency Clock Bias	频间钟偏差
IGG	Institute of Geodesy and Geophysics	测量与地球物理研究所
IGS	International GNSS Service	国际 GNSS 服务组织
IGSO	Inclined Geosynchronous Orbit	倾斜地球同步轨道
IOV	In-Orbit Validation	在轨试验卫星
IRI	International Reference Ionosphere	国际参考电离层
IRNSS	Indian Regional Navigation Satellite System	印度区域导航卫星系统
ITRF	International Terrestial Reference Frame	国际地球参考框架
LAMBDA	Least-squares Ambiguity Decorrelation Adjustment	最小二乘模糊度降相关平差
MEDDL	Multipath Estimation Delay Lock Loop	多路径延迟锁相环路
MEO	Medium Earth Orbit	中地球轨道
MET	Mutipath Elimination Technology	多路径消除技术
MGEX	The Multi-GNSS Experiment	多星座实验
NL	Narrow Lane	窄巷
NMF	Niell Mapping Function	Niell 投影函数
NRCan	Natural Resources Canada	加拿大自然资源部
OMC	Observed Minus Computed	观测值减计算值
PCO	Phase Center Offset	相位中心偏移
PCV	Phase Center Variation	相位中心变化
PDOP	Position Dilution of Precision	位置精度因子
PPP	Precise Point Positioning	精密单点定位
QZSS	Quasi-Zenith Satellite System	准天顶卫星系统（日本）
RINEX	Receiver INdependent EXchange	接收机无关的标准数据格式
RMS	Root Mean Square of errors	均方根误差
RT	Real Time	实时
RTCM	Radio Technical Commission for Maritime Services	海运事业无线电技术委员会
RTK	Real Time Kinematic	实时动态定位
RTS	Real-Time Service	实时产品服务
RTWG	Real Time Working Group	IGS 实时工作组
SCB	Satellite Code Bias	卫星码/伪距偏差

续表

SINEX	Software INdependent EXchange Format	软件无关的标准数据格式
SNR	Signal to Noise Ratio	信噪比
SSR	State-Space Representation	状态空间表达
STD	Standard Derivation	标准差
TCAR	Three-Carrier Ambiguity Resolution	三频模糊度固定
TEC	Total Electron Content	总电子含量
TTFF	Time to First Fix	首次固定时间
UPD	Uncalibrated Phase Delays	未校准相位硬件延迟
VMF1	Vienna Mapping Function	维也纳投影函数
WHU	Wuhan University	武汉大学
WL	Wide Lane	宽巷
ZDD	Zenith Dry Delay	天顶（对流层）干延迟
ZWD	Zenith Wet Delay	天顶（对流层）湿延迟

目　录

第1章 绪 论

精密单点定位（Precise Point Positioning，PPP）技术以其独特的优势受到了高精度定位领域学术界和工业界的持续关注，已经在多方面取得了的应用。然而，这项技术仍有其亟待解决的瓶颈问题，限制了其更广泛的应用。本章首先回顾PPP技术的产生和发展，指出当前限制PPP应用的关键问题以及解决这些问题的意义；然后，总结目前国内外学者对这些问题的研究现状；最后，通过对研究现状的分析和讨论，确定本书的研究目标和研究内容。

1.1 研究背景及意义

全球导航卫星系统（Global Navigation Satellite System，GNSS）是能够在地球表面和近地空间为全球用户提供全天候的定位、导航和授时服务的无线电导航定位系统（宁津生等，2013）。从1978年GPS卫星发射之初，到目前GPS、BDS、GLONASS和Galileo等四大卫星导航系统并存，GNSS的应用已渗透到军事和民用的各个领域，包括导弹精确制导、民航精密进近、船舶和车辆导航、精准农业、资源调查，以及紧急灾害救援等方面。在大地测量与地球动力学领域，GNSS的出现也为其带来革命性的变化。由于GNSS信号具有全天候、连续性、全球覆盖的特点，多个测站用户在无需通视的情况下，即可确定出用户测站之间的相对位置，这种定位方式可称其为相对定位或者差分定位。相对定位可以满足厘米至毫米级高精度定位需求，这种定位思路后来发展为可实时应用的RTK（Real Time Kinematic）和网络RTK技术。然而，RTK或者网络RTK技术需要布设基准站或密集参考网，而且用户站和基准站或参考网必须保持在一定距离内，若超出有效距离，定位精度和其可靠性就无法保证。这种条件的限制，导致该类技术在某些场合（如海洋、近地空间等无法架设基准站的区域）无法应用。

为解决这一问题，Zumberge 等人于 1997 年首次提出了精密单点定位的概念，所谓精密单点定位（Precise Point Positioning，PPP）是指利用 IGS 发布或自己解算的精密卫星轨道和钟差产品等辅助信息，直接对单台 GPS 接收机采集的伪距和载波相位观测值进行数据解算，并获得国际地球参考框架下的（International Terrestial Reference Frame，ITRF）高精度点位三维坐标的定位技术（Kouba，Héroux，2001）。相比于 RTK 或者网络 RTK 技术，PPP 用户无需自己架设基准站或密集参考网，不受距离限制，操作灵活，只需单台接收机就能实现高精度点位坐标的解算，是高精度定位领域的又一次技术革命（张小红等，2017）。经过多年的发展，先后有一大批学者投入到 PPP 定位模型、理论方法、算法软件、误差模型精化以及质量控制等方面的研究，取得了丰富的研究成果，使得 PPP 浮点解技术逐步走向成熟（Zumberge et al.，1997；Kouba，Héroux，2001；Gao，Shen，2001；叶世榕，2002；韩宝民等，2003；刘焱雄等，2005；Le，Tiberius，2007；郝明等，2007；李浩军等，2009；张宝成，2010；易重海，2011；许长辉，2011；郭斐，2013）。PPP 技术也已成功应用于航空测量、低轨卫星定轨、海平面及海潮监测、精密授时、GNSS 气象、GNSS 地震、南极冰架运动和板块运动等诸多科学研究和工程应用领域，具有重要的应用价值（Larson et al.，2003；黄胜，2004；Chen et al.，2004；Hammond，Wayne，2005；Rocken et al.，2005；张小红等，2006；Zhang，Andersen，2006；Zhang，Forsberg，2007；程世来，张小红，2007；韩宝民，杨元喜，2007；张宝成等，2011；Defraigne，Baire，2011；张小红等，2012）。

然而，上述有关 PPP 的研究和应用主要集中在 PPP 浮点解，PPP 浮点解的收敛时间通常较长，约需要 30min，而且定位结果的可靠性也难以保证。自 2008 年以来，以“卫星相位小数偏差法”、“整数卫星钟法”和“钟差去耦法”为代表的 PPP 模糊度固定方法的出现，使得 PPP 技术的研究进入了新阶段（Ge et al.，2008；Laurichesse et al.，2009；Collins et al.，2010）。相比于 PPP 浮点解，PPP 固定解的定位精度和可靠性有了显著提高，而且收敛时间（PPP 固定解中通常称其为首次固定时间）在一定程度上也得到了改善。尔后，又有一大批学者对 PPP 模糊度固定技术中各个环节进行了改进和完善（Geng et al.，2009；张小红，李星星，2010；张宝成，欧吉坤，2011；张宝成等，2012；Geng et al.，2012；Li，Zhang et al.，2015）。经过多位学者的研究和改进，PPP 固定解的定位精度和固定率得到了明显的改善，但 PPP 固定解的首次固定时间依然需要 20~30min，这与网络 RTK 的首次固定时间还有相当大的差距。至此，如何实现快速模糊度固定变成了 PPP 模糊度固定技术中的主要矛盾。一些学者提出利用密集的参考站求解区域大气延迟来增强 PPP，使其模糊度达到瞬时固定，这便是目前 PPP-RTK 技术的原型系统（Wübbena et al.，2005；Teunissen et al.，2010；Li et al.，2011；Zhang et al.，2011）。然而，这种定位思路又回到了网络 RTK 的模式，丢失了 PPP 的技术优势。因此，如何真正实现 PPP 快速模糊度固定成为了限制 PPP 技术发展和工程化应用的瓶颈问题。

近年来，随着俄罗斯 GLONASS 系统的复兴，中国北斗卫星导航系统（BeiDou Navigation Satellite System，BDS）和欧盟 Galileo 系统的相继发射，以及印度区域性卫星导航系统 IRNSS 和日本准天顶卫星系统 QZSS 的相继建成，使得 GNSS 的发展进入到一个新阶段，同时也为 PPP 快速模糊度固定的研究带来了新机遇。相比单 GPS 观测，多系统 GNSS 由于观测信息更丰富，卫星接收机间的几何强度会得到增强，平差系统的多余观测也会增加，有利于定位性能的提高（Bisnath，Gao，2007）。此外，GPS Block IIF 卫星、全部 BDS 以及 Galileo 卫星均可发射三个频率或以上的信号，在相对定位中已经证明，相比双频观测值，利用三频信号可显著改善模糊度搜索空间，提高模糊度解算效率，加快模糊度的解算速度（Werrner，Winkel，2003；Cocard et al.，2008；Feng，2008；Li et al.，2010）。这也无疑为 PPP 模糊度的快速固定提供了可借鉴思路。

因此，本书将深入研究如何利用多频率多系统 GNSS 观测值实现 PPP 快速模糊度固定，这对于解决 PPP 技术的瓶颈问题，真正实现 PPP 的广泛应用具有重要的意义。

1.2 国内外研究现状

基于上述讨论，充分利用多频率多系统观测值是解决 PPP 快速模糊度固定的途径之一，国内外学者也对此展开了许多研究和讨论，本小节对其进行系统的总结。实际上，多系统 PPP 和多频 PPP 是两条并行的研究路线，但多系统 PPP 的研究较多频 PPP 的研究起步略早。因此，本小节首先总结多系统双频 PPP 研究现状，然后总结单系统多频 PPP 研究现状，最后总结多频多系统 PPP 研究现状。

1.2.1　多系统双频 PPP 研究现状

早期的多系统双频 PPP 浮点解和固定解的研究主要集中在 GPS 和 GLONASS 双系统组合。在 PPP 浮点解方面，蔡昌盛对 GPS PPP 模型进行了拓展，推导出双系统 GPS/GLONASS 组合 PPP 的数学模型，并基于 IGS 测站数据评估了 GPS/GLONASS PPP 定位性能，结果表明：相比单 GPS PPP，当 GPS 卫星几何分布及数量足够多时，双系统组合 PPP 的定位结果变化不显著，当 GPS 卫星数量较少时，GPS/GLONASS PPP 定位精度和收敛时间提高得比较显著（蔡昌盛，2008；Cai，Gao，2013）。张小红等对双系统 GPS/GLONASS 组合 PPP 的定位性能做了进一步讨论，结果表明：当 GPS 数量较少时（4~5 颗），引入 GLONASS 观测值可显著改善 PPP 收敛时间和定位精度，这主要是由于卫星图形几何强度得到增强，当 GPS 数量较多时（9~10 颗），加入 GLONASS 卫星也可改善 PPP 定位性能，但改善效果不显著（张小红等，2010）。孟祥广和郭际明基于最小二乘滤波法实现了 GPS/GLONASS 组合 PPP，并研究了 GPS 和 GLONASS 观测值权比，实验结果表明：双系统 PPP 的定位性能优于单系统 PPP 定位性能，此外，GPS 与 GLONASS 系统性偏差波动最大值约 0.72ns（孟祥广等，2010）。Tu 等实现了基于非差非组合模型的 GPS/GLONASS PPP，结果表明：接收机 DCB 改正显著影响双系统 PPP 的收敛速度，此外，相比单系统 PPP，双系统 PPP 定位精度并没有显著提升，但其收敛时间明显缩短，水平方向上收敛到 10cm 只需 10 分钟（Tu et al.，2013）。由于 GLONASS 卫星采用频分多址技术（Frequency Division Multiple Access，FDMA），Shi 等分析了不同卫星观测值的伪距频间偏差特性，首先利用服务端估计出伪距频间偏差，在进行 GPS/GLONASS 双系统组合 PPP 时改正伪距频间偏差，实验表明，改正伪距频间偏差后，GPS/GLONASS PPP 收敛速度明显加快，收敛过程中定位误差 RMS 提高约 50%（Shi et al.，2013）。此后，又有多位学者对 GPS/GLONASS 双系统组合 PPP 进行优化改进，使其定位性能得到显著改善（刘志强等，2015；易文婷等，2015）。在 PPP 固定解方面，相比 GPS PPP 模糊度固定，GLONASS 卫星由于采用 FMDA 技术，使得不同卫星不同频率的伪距和相位观测值之间存在频间偏差，虽然相位频间偏差可以建立函数模型，但伪距频间偏差与接收机类型、天线类型、接收机固件版本都有很大的相关性，难以模型化，因此，GLONASS PPP 模糊度难以固定（Wanninger，2012；Banville，et al.，2013）。Jokinen 等利用 GLONASS 观测值辅助 GPS PPP 模糊度固定，该策略中只固定 GPS 卫星模糊度，而将 GLONASS 卫星模糊度设置为浮点模糊度，结果显示，相比单 GPS 模糊度固定，利用 GLONASS 观测值辅助可将 GPS PPP 固定解首次固定时间改善 5%（Jokinen et al.，2013）。李盼利用类似的策略实现 GLONASS 观测值辅助 GPS PPP 模糊度固定，结果显示，通过 GLONASS 观测值辅助，静态模式下，GPS PPP 固定解首次固定时缩短约 18.6%，动态模式下，GPS PPP 固定解首次固定时缩短约 22.3%（李盼，2016）。Liu 等利用全部相同类型的接收机测站进行 GLONASS 卫星未校准相位硬件延迟（Uncalibrated Phase Delay，UPD）估计，并基于该 UPD 产品实现 GLONASS PPP 固定解，结果表明：经过 2 小时 PPP 解算，PPP 浮点解在 E、N 和 U 方向上定位精度分别为 0.66cm、1.42cm 和 1.55cm，而 PPP 固定解可将三方向定位精度分别提高至 0.38cm、0.39cm 和 1.39cm（Liu et al.，2017）。Geng 等提出了将外部电离层产品引入 GLONASS PPP 解算，以辅助不同类型接收测站估计 GLONASS 卫星相位小数偏差（Fractional Cycle Bias，FCB），该方法可以显著减弱不同类型接收机的伪距频间偏差对 FCB 估计的影响。当无外部电离层产品约束时，内符合度为 0.15 周以内的卫星宽巷 FCB 占比约 51.7%，当施加外部电离层产品约束时，内符合度为 0.15 周以内的卫星宽巷 FCB 占比提高至 92.4%（Geng et al.，2016）。Liu 等实现了 GPS+GLONASS 双系统 PPP 模糊度固定，结果显示，单 GPS PPP 固定解在 5 分钟和 10 分钟的固定率分别为 11.7%和 46.8%，而 GPS/GLONASS 双系统 PPP 固定解在 5 分钟和 10 分钟的固定率可分别提高至 73.71%和 95.83%（Liu et al.，2017a）。

自北斗二代卫星全面提供亚太区域导航定位服务后，单 BDS PPP 以及 BDS/GPS 双系统 PPP 成为了 PPP 领域的研究热点。在浮点解方面，施闯等利用“北斗卫星观测实验网”和 PANDA 软件初步完成了 BDS 系统精密定轨和定位实验，统计结果显示，静态单天解模式下，单 BDS PPP 水平方向定位误差 RMS 可达 2cm，高程方向定位误差 RMS 可达 7cm，该实验验证了 BDS 系统初步具备高精度定位能力（施闯等，2012）。马瑞和施闯进一步分析了 BDS PPP 动态解和静态解定位性能，结果表明，静态和动态解均可实现厘米级定位精度（马瑞，施闯，2013）。与此同时，通过与 GPS PPP 定位性能的对比，国内外其他学者也对 BDS PPP 定位性能做出了研究和讨论，结论指出，目前，受限于 BDS 精密轨道和精密钟差的精度以及卫星和接收机 PCO/PCV 改正精度，BDS PPP 的收敛时间可达 1~2 小时，明显长于 GPS PPP，此外，在 PPP 收敛后，BDS PPP 定位精度比 GPS PPP 定位精度略差（Montenbruck et al.，2013a；Steigenberger et al.，2013；Li et al.，2013；Xu et al.，2014；张小红等，2015；朱永兴等，2015）。在实现 BDS PPP 浮点解后，部分学者开始转向 BDS PPP 或者 BDS/GPS 组合 PPP 固定解的研究。然而，与 GPS 观测值不同，BDS 伪距观测值中存在与截止高度角有关的系统性偏差，随高度角的变化而变化，最大偏差不会超过 1m，这种偏差主要来源于 BDS 卫星伪距多路径（Hauschild et al.，2012；Montenbruck et al.，2013a）。BDS 卫星伪距多路径误差会严重影响 MW 组合观测值，进而影响宽巷 UPD 估计以及宽巷模糊度精度，因此，在实现 BDS PPP 固定解前必须对其加以改正（Wanninger，Beer，2015）。Wanninger 和 Beer 建立了北斗 MEO 和 IGSO 卫星伪距多路径经验改正模型，并利用单频 PPP 验证了改正模型的正确性。基于该经验改正模型，李盼分析了 BDS 卫星伪距多路径对 BDS FCB 估计的影响，结果表明，顾及该项误差后，可将宽巷模糊度的平均利用率从 80.4% 提高至 91.8%。同时，利用改正伪距多路径的 BDS FCB 实现了 BDS PPP 固定解，结果明显，相比 BDS PPP 浮点解，固定解可将 E、N 和 U 方向定位精度分别提高 13.2%、2.7%和 28.4%（李盼，2016）。然而，由于缺少 GEO 卫星的伪距多路径改正模型，该实验只固定了 BDS MEO 和 IGSO 卫星模糊度，并没有固定 GEO 卫星模糊度。李昕等通过小波变换提取低频分量修正伪距观测值的方法削弱了北斗 GEO 卫星伪距多路径，并联合北斗 GEO/IGSO/MEO 卫星实现了 BDS 全星座模糊度固定，实验结果表明，相比只固定北斗 IGSO 和 MEO 卫星的 BDS PPP 固定解，加入 GEO 卫星后可显著改善北斗卫星可视数量，优化空间几何构型，缩短了 BDS PPP 固定解的首次固定时间，并提高定位精度（李昕等，2018）。Li 等采用部分模糊度固定方法实现了 GPS/BDS 双系统松组合 PPP 自适应模糊度固定，并通过大量实验对比了单 BDS PPP 固定解、单 GPS PPP 固定解和 GPS/BDS 双系统 PPP 固定解定位性能，结果表明，单 GPS PPP 固定解静态和动态定位模式下首次固定时间分别为 21.7min 和 33.6min，而 GPS/BDS 双系统 PPP 固定解静态和动态定位模式下的首次固定时间显著缩短，分别为 16.9min 和 24.6min（Li et al.，2017）。Liu 等实现了全星座 BDS 卫星的 GPS/BDS 组合 PPP 模糊度固定，同时分析了 GEO 卫星对固定解的影响，结论指出，在小区域观测网中，GEO 轨道误差可被 FCB 产品吸收，联合 GEO 卫星，可提高模糊度固定率（Liu et al.，2017）。

在 BDS 卫星发射的同时，Galileo 系统也在有序建设，这为联合 GPS、GLONASS、BDS 以及 Galileo 等四系统观测值实现 PPP 浮点解和固定解提供了条件。在浮点解方面，Li 等提出了 GPS/GLONASS/BDS/Galileo 四系统定轨、估钟和定位模型，并比较了单 GPS PPP 和四系统 PPP 的定位性能，结果显示，单 GPS 系统 PDOP 值在 2 到 6 之间变化，而四系统 PDOP 值稳定在 1.5 左右，几何图形强度得到显著改善，相比单系统 GPS PPP 解，四系统 PPP 解可缩短 70%的收敛时间，定位精度可提高约 25%，此外，当高度角为 30°和 40°时，单 GPS PPP 定位性能显著下降，其定位结果可用率分别降至为 70%和 40%，相比之下，四系统 PPP 依然保持良好的定位性能（Li et al.，2015a；Li et al.，2015b）。任晓东等基于无电离层组合模型分析了 GPS、GLONASS、BDS 和 Galileo 四系统 PPP 定位性能，结果表明，在单系统卫星几何图形强度较低的区域，四系统融合 PPP 可显著提高收敛时间和定位精度，收敛时间可提高约 30%~50%，定位精度可提高 10%~30%，多系统融合 PPP 对城市、峡谷等遮挡严重区域的定位性能提升具有重要意义（任晓东等，2015）。为了避免多系统观测值组合时放大测量噪声，Lou 等基于非差非组合模型实现了 GPS/GLONASS/BDS/Galileo 四系统单频和双频 PPP，结果表明，相比单 GPS 双频 PPP，四系统双频 PPP 收敛时间可改善约 60%，然而，收敛后的定位精度并没有显著提高，相比单 GPS 单频 PPP，四系统单频 PPP 定位精度可提高约 25%，此外，加入 BDS GEO 观测值会对定位结果产生负面影响（Lou et al.，2016）。Liu 等提出同时顾及 GLONASS 频间偏差和系统间偏差的 GPS/GLONASS/BDS/Galileo 四系统非差非组合 PPP 模型，并分析了频间偏差和系统间偏差特性，结果显示，顾及频间偏差可将 GLONASS PPP 收敛时间提高约 15%，此外，BDS/Galileo 双系统 PPP 定位精度可达厘米级（Liu et al.，2017）。在固定解方面，Li 等实现 GPS/GLONASS/BDS/Galileo 四系统 UPD 估计，并基于该产品实现 GPS/GLONASS/BDS/Galileo 四系统 PPP 模糊度固定，结果显示，四系统 PPP 固定解首次固定时间最快，定位精度最高，在高度角为 7°时，单 GPS PPP 固定解、GPS/GLONASS 双系统 PPP 固定解、GPS/BDS 双系统 PPP 固定解以及 GPS/Galileo 双系统 PPP 固定解首次固定时间分别为 18.07min、12.10min、13.21min 以及 15.36min，而四系统 PPP 固定解首次固定时间可提高至 9.21min（Li et al.，2018）。

1.2.2 单系统多频 PPP 研究现状

相比多系统双频 PPP 的研究，多频单系统 PPP 的研究起步较晚，这主要是由于能够播发多频卫星发射的较晚，实际上，随着能够播发三频信号的 GPS Block IIF 卫星的相继发射以及北斗二代系统全面建成才真正进入到多频单系统 PPP 研究的时代。在少数的 GPS Block IIF 卫星发射之后，Montenbruck 等发现 L1/L2 频率无电离层组合相位观测值与 L1/L5 频率无电离层组合相位观测值存在周期变化的差异，这种差异最大能达到 10cm（Montenbruck et al.，2010）。Montenbruck 等进一步研究指出，这种周期变化的差异主要由于卫星轨道面与地球以及太阳高度角之间的周期性变化，而导致卫星内部硬件温度的变化，从而引起卫星钟钟频发生周期性变化，并将这种周期性差异称为频间钟偏差（Inter-Frequency Clock Bias，IFCB）（Montenbruck et al.，2012）。Li 等提出了卫星 IFCB 的估计方法并利用四阶球谐函数对其进行建模，指出卫星 IFCB 五天内预报精度优于 7cm（Li et al.，2013；Li et al.，2016）。随着 GPS Block IIF 卫星数量的增多，一些学者开始投入到三频 PPP 的研究。Tegedor 和 Øvstedal 等提出了联合 L1/L2 频率和 L1/L5 频率两个无电离层组合的三频 GPS PPP 函数模型和随机模型，同时指出在处理三频 PPP 时需要额外考虑频间偏差（Tegedor，Øvstedal，2014）。不同于两个无电离层组合的 PPP 模型，Elsobeiey 等提出了三频观测值组合的 PPP 模型，通过分析和实验验证了多组组合系数，得出了最优的三频组合系数，并基于该组合系数实现 GPS 三频 PPP，结果表明，相比双频 GPS PPP，三频 GPS PPP 定位精度和收敛时间可提高 10%左右（Elsobeiey, 2015）。随着北斗二代系统的全面建成，Guo 等评估了两个无电离层组合模型、三频消电离层组合模型和三频非组合模型等三种 BDS 三频 PPP 模型的定位性能，并通过 BDS 三频实测数据进行验证，结果表明，三种模型的定位性能相当，加入额外频率观测值对静态 PPP 的定位性能提升不显著，在动态 PPP 中，当 B1/B2 频率观测值质量不好时，加入第三频率观测值对定位性能的提升具有重要意义（Guo et al., 2016）。

在固定解方面，多频 PPP 固定解研究的早期主要使用模拟数据，Geng 和 Bock 提出了基于无电离层组合模型的三频 PPP 模糊度固定算法，该算法首先利用 HMW 组合解算超宽巷模糊度，然后利用已固定的超宽巷模糊度辅助宽巷模糊度固定，最后利用已固定的宽巷模糊度固定窄巷模糊度，利用模拟的 GPS 三频数据对提出的方法进行了验证，结果表明，利用三频观测值在 65s 内可成功固定 99%的窄巷模糊度，而利用双频观测值在 150s 内只能成功固定 64%的窄巷模糊度（Geng, Bock, 2013）。Gu 等基于非差非组合模型实现了 BDS 三频 PPP 模糊度固定，实验表明，三频 PPP 固定解可显著提升 PPP 的收敛时间和定位精度，然而，快速固定 BDS L1 模糊度仍然比较困难（Gu, et al., 2015）。Li 等提出基于非差非组合模型实现多频原始频率 UPD 估计和多频 PPP 模糊度固定的方法，并利用该方法分别评估了 BDS 三频 PPP 浮点解、BDS 双频 PPP 固定解以及 BDS 三频 PPP 固定解的定位性能，实验结果表明，相比三频 PPP 浮点解，固定解可以显著提高定位精度同时缩短收敛时间，三组解中三频 PPP 固定解定位性能最优，相比双频 PPP 固定解，三频 PPP 固定解在 E、N 和 U 方向定位精度分别提高 16.6%、10.0%和 11.1%，收敛时间提高 10%，然而，受限于北斗可视卫星数、精密轨道钟差精度以及 PCO/PCV 误差改正精度，额外频率观测值对 PPP 模糊度固定的贡献并没有充分展现，需要进一步研究和讨论（Li et al., 2018）。

1.2.3　多系统多频 PPP 研究现状

目前，有关多系统并入多频观测值 PPP 的研究刚刚起步，浮点解方面，Deo 和 El-Mowafy 采用模拟数据分别对双频 GPS PPP、三频 GPS PPP、三频 GPS/BDS 组合 PPP 和三频 GPS/BDS/Galieo 组合 PPP 的定位性能做出比较，结论指出，相比其他组PPP解，三频三系统PPP定位精度最高，收敛时间最短（Deo，El-Mowafy，2016）。然而该实验和结论基于模拟数据，其可靠性和可信度有待进一步验证。Liu等提出基于多频多系统非组合PPP模型估计多频多系统DCB的方法，并将该方法估计出的多频多系统DCB产品与CODE和DLR等机构发布的DCB产品进行比较，结果表明，该方法估计的DCB产品与其他机构发布的DCB产品具有较高一致性，验证了该方法的正确性（Liu et al.，2019）。Geng等基于无电离层组合模型提出了三频多系统PPP紧组合单历元宽巷模糊度固定方法，不同于依次在各GNSS系统选择参考星形成多系统松组合星间单差模糊度，该方法通过改正预先估计好系统间相位偏差，在各GNSS系统间只选择一颗参考星，来组成系统间星间单差宽巷模糊度，以实现三频多系统PPP宽巷模糊度固定，利用GPS/BDS/Galileo/QZSS三频四系统观测值对所提出的方法进行验证，结果表明，基于IGS测站动态定位的91.2%实验结果可实现单历元PPP宽巷模糊的固定，单历元E、N和U方向定位精度分别为0.22m、0.18m和0.63m，基于车载动态定位的99.31%的实验结果，可实现单历元PPP宽巷模糊的固定，单历元E、N和U方向定位精度分别为0.29m、0.35m和0.77m（Geng et al.，2019）。

1.2.4 多系统多频PPP研究中存在的问题

通过对研究现状的分析，可以得出目前PPP技术主要朝着以下几个方向发展：第一，从观测值的角度，从单纯的多系统PPP或者多频PPP逐步发展为多系统并入多频观测值的PPP；第二，从模型的角度，PPP模型从传统的无电离层组合模型逐步发展为适合统一处理多频多系统GNSS或低轨卫星观测值的非组合模型；第三，从时效性角度，由于大众化用户对高精度位置的需求使得PPP从后处理或准实时处理，逐步发展为真正的实时处理；第四，从增强的角度，随着多频多系统GNSS以及低轨卫星出现，从过去依赖于密集参考站的PPP-RTK技术，逐渐地减少对地面参考站的依赖，形成了多频多系统GNSS以及低轨卫星等空基增强的PPP技术。

然而，多频多系统GNSS时代给PPP技术带来新机遇的同时，也面临着诸多挑战，需要深入研究和解决：第一，非组合PPP模型相比其他PPP模型的定位性能如何，在处理多频多系统数据时是否更具优势，虽然有文献进行讨论，但还不够充分，需要进一步通过实测数据验证；第二，为实现非组合 PPP 模糊度固定，首先要恢复非组合模糊度的整数特性，如何估计出高质量的原始频率 UPD 产品，正确恢复模糊度整数特性，还需要进一步研究；第三，额外频率的观测值究竟会给 PPP 模糊度固定带来什么样的贡献，目前的研究还不够充分；第四，针对单频、双频、三频甚至更多频率观测值，能否建立一套统一的非组合 PPP 多频率模糊度快速固定方法仍有待进一步研究；第五，在处理多频多系统 GNSS 观测值时，也同时增加了系统性频间和频间偏差，如何有效统一地处理这些偏差也是对 PPP 快速模糊度固定的又一挑战。

1.3 本书的研究目标及内容

基于以上对国内外研究现状的总结和存在问题的分析，本书确定的研究目标和研究内容如下：

1.3.1 研究目标

如何利用多频多系统 GNSS 观测值实现非组合 PPP 模糊度的快速固定是本书的主要研究目标，在解决这一问题的过程中涉及一系列的关键问题需要解决，主要包括：解决高质量估计多频原始频率卫星相位偏差的问题；解决多频非组合模糊度快速固定的问题；解决多频多系统非组合 PPP 数据处理过程中统一处理各种卫星偏差的问题；解决多频多系统非组合模糊度融合固定的问题，最终形成一套多频多模 PPP 非组合模糊度固定方法。

1.3.2 研究内容

针对上述研究目标，具体研究内容包括以下几个方面：

(1) 多频原始频率卫星相位偏差估计方法；

(2) 多频 PPP 非组合模糊度快速固定方法；

(3) 多频多系统卫星偏差统一改正方法；

(4) GPS+Galileo 双系统多频 PPP 模糊度融合固定方法。

本书具体章节安排以及研究内容如下：

第 1 章，总结和分析 PPP 技术的产生和发展，分析目前制约 PPP 技术发展的瓶颈问题；总结目前国内外对 PPP 技术瓶颈问题的研究现状，并分析其中的不足之处，从而确定本书的研究内容。

第 2 章，主要介绍多频 PPP 浮点解的基本原理和定位性能。首先，总结目前多频 PPP 处理中常用的函数模型和随机模型；其次，分析并总结在多频 PPP 数据处理中的常见误差源及其处理方法；然后，将经典的双频 Turboedit 周跳探测方法拓展成多频 Turboedit 周跳探测方法，同时介绍 PPP 中常用的序贯最小二乘参数估计方法；最后，利用 BDS 三频数据验证和比较几种多频 PPP 模型的定位性能。该章节为后续研究奠定了理论基础。

第 3 章，主要研究多频原始频率 UPD 估计方法。首先，介绍并分析传统多频 UPD 估计方法，并分析其中的缺陷；然后，针对不同频率非组合模糊度之间的强相关性，提出利用最大降相关组合估计原始频率 UPD 的方法，该方法确定了三组模糊度最大降相关组合，并用其形成的组合模糊度来估计 UPD；最后，分析并比较传统方法估计的 UPD 和新方法估计的 UPD 的质量，并利用 BDS 三频 PPP 固定解对其进行验证。

第 4 章，重点研究非组合 PPP 多频模糊度快速固定方法。首先，介绍经典的双差三频模糊度固定 TCAR 算法和经典的双频 PPP 宽巷/窄巷非差模糊度固定方法；然后，通过借鉴这两种模糊度固定算法的思路，提出了非组合 PPP 多频多信息逐级模糊度快速固定方法，该方法可适合于双频、三频以及更多频非组合模糊度快速固定；最后，利用 Galileo 观测值对所提出的方法进行验证，同时比较了双频和三频 PPP 固定解的定位性能，验证了额外频率观测值对 PPP 快速模糊度固定的贡献。

第 5 章，重点研究多频非组合 PPP 中卫星偏差的统一改正方法。首先，推导并构建了同时顾及卫星时变偏差和时不变偏差的三频非组合 PPP 模型，然后，针对多频非组合 PPP 固定解，提出了绝对卫星伪距偏差和相位偏差的统一改正方法；最后，分析了伪距偏差 SCB 和相位偏差 IFCB 对三频 PPP 固定解的影响。

第 6 章，主要研究基于 IGS 实时产品的 GPS/Galileo 双系统三频 PPP 模糊度固定方法，首先，评估并比较了目前各 IGS 实时分析中心发布的实时精密轨道和钟差产品；然后介绍了双系统三频非组合 PPP 模糊度模型和随机模型，并提出了同时顾及频率缩放因子和系统缩放因子的多频多系统非组合 PPP 随机模型，同时提出双系统三频非组合模糊度融合方法；最后，利用实测数据实现了 GPS/Galileo 双系统三频 PPP 非组合模糊度固定，同时比较了基于事后、实时精密轨道和钟差产品的 PPP 固定解，研究并分析了多频多系统 GNSS 观测值对 PPP 快速模糊度固定的贡献。

第 7 章，总结全书的主要研究成果，并对未来研究工作提出了一些想法。

第 2 章　GNSS 多频 PPP 模型与误差处理

本章首先介绍 GNSS 多频 PPP 的数学模型以及误差处理方法，主要包括三频 PPP 的函数模型和随机模型、三频 PPP 数据处理中涉及的误差及其改正方法、三频观测值的周跳探测方法、三频 PPP 参数估计方法。为后续多频 PPP 模糊度固定奠定基础。然后，利用 BDS 三频观测数据，实现几种不同的三频 PPP 模型的比较，为多频多系统 PPP 统一数据处理模型的选择提供建议和参考。

2.1　三频 PPP 定位模型

本小节介绍几种常用的三频 PPP 函数模型以及对应的随机模型，主要包括：三频非差非组合模型、两个双频无电离层组合模型以及三频无电离层组合模型。

2.1.1　三频 PPP 函数模型

通常情况下，接收机 r 观测到卫星 s 在第 n 个原始频率上的伪距 $P_{r,n}^s$ 和载波相位 $L_{r,n}^s$ 观测值（以米为单位）的观测方程可表达如下：

$$P_{r,n}^s = \rho_r^s + t_r - t^s + I_{r,n}^s + T_r^s + d_{r,n} - d_n^s + \varepsilon_{r,n}^s \tag{2.1}$$

$$L_{r,n}^s = \rho_r^s + t_r - t^s - I_{r,n}^s + T_r^s + \lambda_n \cdot N_{r,n}^s + \lambda_n \cdot (b_{r,n} - b_n^s) + \xi_{r,n}^s \tag{2.2}$$

式中，ρ_r^s 表示接收机到卫星之间的几何距离，以米为单位；t_r 表示接收机钟误差，以米为单位；t^s 表示卫星钟误差，以米为单位；$I_{r,n}^s$ 表示第 n 个频率上的电离层斜延迟，以米为单位，值得注意的是，伪距和载波相位观测值所受的电离层斜延迟误差符合相反；T_r^s 表示对流层斜延迟，以米为单位；$d_{r,n}$ 表示第 n 个频率上的接收机端伪距硬件延迟，也称接收机伪距偏差，以米为单位；d_n^s 表示第 n 个频率上的卫星端伪距硬件延迟，也称为卫星伪距偏差，以米为单位；λ_n 表示第 n 个频率载波相位观测值的波长，以米为单位；$N_{r,n}^s$ 表示第 n 个频率载波相位观测值的整周模糊度，以周为单位；$b_{r,n}$ 表示接收机端相位硬件延迟，也称接收机相位偏差，以周为单位；b_n^s 表示卫星端相位硬件延迟，也称卫星相位偏差，以周为单位；$\varepsilon_{r,n}^s$ 表示第 n 个频率伪距观测值上伪距测量噪声、伪距多路径误差以及未模型化的误差；$\xi_{r,n}^s$ 表示第 n 个频率相位观测值上相位测量噪声、相位多路径误差以及未模型化的误差。此外，观测值所受到的天线相位中心误差、相对论效应、相位缠绕、地球固体潮、极潮、海洋潮以及地球自转等误差均可采用已有模型直接对观测值进行改正（Kouba，Héroux，2001）。

2.1.1.1 三频非组合模型

采用非组合模型的主要目的是希望通过直接处理原始频率观测值，以避免在观测值组合的过程中放大测量噪声，并同时尽可能多地保留观测信息（张宝成，2010；张小红等，2013；李星星，2013；章红平等，2013；陈华，2015）。然而，在式（2.1）和式（2.2）中，由于接收机钟差、卫星钟差、电离层延迟、对流层延迟以及接收机、卫星伪距硬件延迟等参数强相关，模糊度参数和接收机、卫星相位硬件延迟等参数也强相关，利用原始观测方程无法直接估计出所有参数，因此，需要对其中的参数进行规整合并、建模以实现对兴趣参数进行估计。为便于后续表述，定义如下表达式：

$$
\begin{cases}
\alpha_{12} = f_1^2/(f_1^2 - f_2^2) \\
\beta_{12} = -f_2^2/(f_1^2 - f_2^2) \\
\mathrm{DCB}_{r,12} = d_{r,1} - d_{r,2} \\
\mathrm{DCB}^{s,12} = d^{s,1} - d^{s,2} \\
d_{r,IF_{12}} = \alpha_{12} d_{r,1} + \beta_{12} d_{r,2} \\
d^{s,IF_{12}} = \alpha_{12} d^{s,1} + \beta_{12} d^{s,2} \\
I_{r,n}^s = \gamma_n \cdot I_{r,1}^s \\
\gamma_n = f_1^2 / f_n^2
\end{cases}
\tag{2.3}
$$

式中，α_{12} 和 β_{12} 表示 1 频率和 2 频率无电离层组合因子；$\mathrm{DCB}_{r,12}$ 和 $\mathrm{DCB}^{s,12}$ 分别表示接收机端和卫星端 1 频率和 2 频率间差分码偏差（Differential Code Bias，DCB）；$d_{r,IF_{12}}$ 表示接收机端 1 频率和 2 频率无电离层组合伪距硬件延迟；$d^{s,IF_{12}}$ 表示卫星端 1 频率和 2 频率无电离层组合伪距硬件延迟；此外，每个频率上的电离层延迟可以表达成频率因子 γ_n 和第 1 频率上的电离层延迟 $I_{r,1}^s$ 的乘积，该表达式也是电离层延迟参数能够参数化的基础（张宝成，2012）。

在原始观测方程参数化的过程中，卫星轨道误差和钟差采用 IGS 精密星历；接收机伪距硬件延迟一部分被接收机钟差参数吸收，另一部分被电离层延迟参数吸收；卫星伪距硬件延迟一部分与 IGS 钟差产品中包含的 1、2 频率无电离层组合卫星伪距硬件延迟抵消，另一部分被电离层延迟参数吸收；接收机和卫星相位硬件延迟被模糊度参数完全吸收，形成浮点模糊度参数；电离层斜延迟可按式（2.3）进行参数化，对流层斜延迟也可通过投影函数进行参数化（具体处理方式将在 2.2 节中介绍），值得注意的是，由于不同频率上的伪距硬件延迟不同，第 3 频率上的部分伪距硬件延迟与目前 IGS 精密钟差产品中包含的 1、2 频率伪距硬件延迟不能相互抵消，因此，第 3 频率上的伪距观测值需额外地引入一个频间偏差参数 ifb。基于上述讨论，三频非组合参数化的观测方程可表达如下：

$$\begin{cases}\bar{P}_{r,1}^{s}=\boldsymbol{\mu}\cdot X+t_{r,12}+\gamma_{1}\cdot\bar{I}_{r,1}^{s}+m_{r}^{s}\cdot \mathrm{zwd}_{r}+\varepsilon_{r,1}^{s}\\ \bar{P}_{r,2}^{s}=\boldsymbol{\mu}\cdot X+t_{r,12}+\gamma_{2}\cdot\bar{I}_{r,1}^{s}+m_{r}^{s}\cdot \mathrm{zwd}_{r}+\varepsilon_{r,2}^{s}\\ \bar{P}_{r,3}^{s}=\boldsymbol{\mu}\cdot X+t_{r,12}+\gamma_{3}\cdot\bar{I}_{r,1}^{s}+m_{r}^{s}\cdot \mathrm{zwd}_{r}+ifb_{r}^{s}+\varepsilon_{r,3}^{s}\end{cases} \tag{2.4}$$

$$\begin{cases}\bar{L}_{r,1}^{s}=\boldsymbol{\mu}\cdot X+t_{r,12}-\gamma_{1}\cdot\bar{I}_{r,1}^{s}+m_{r}^{s}\cdot \mathrm{zwd}_{r}+\bar{N}_{r,1}^{s}+\xi_{r,1}^{s}\\ \bar{L}_{r,2}^{s}=\boldsymbol{\mu}\cdot X+t_{r,12}-\gamma_{2}\cdot\bar{I}_{r,1}^{s}+m_{r}^{s}\cdot \mathrm{zwd}_{r}+\bar{N}_{r,2}^{s}+\xi_{r,2}^{s}\\ \bar{L}_{r,3}^{s}=\boldsymbol{\mu}\cdot X+t_{r,12}-\gamma_{3}\cdot\bar{I}_{r,1}^{s}+m_{r}^{s}\cdot \mathrm{zwd}_{r}+\bar{N}_{r,3}^{s}+\xi_{r,3}^{s}\end{cases} \tag{2.5}$$

其中，

$$\begin{cases}\bar{I}_{r,1}^{s}=I_{r,1}^{s}-\beta_{12}(\mathrm{DCB}_{r,12}-\mathrm{DCB}^{s,12})\\ t_{r,12}=t_{r}+d_{r,IF_{12}}\\ \bar{N}_{r,1}^{s}=-\gamma_{1}\cdot\beta_{12}\cdot(\mathrm{DCB}_{r,12}-\mathrm{DCB}^{s,12})-d_{r,IF_{12}}+d^{s,IF_{12}}+\lambda_{1}\cdot(N_{r,1}^{s}+b_{r,1}-b_{1}^{s})\\ \bar{N}_{r,2}^{s}=-\gamma_{2}\cdot\beta_{12}\cdot(\mathrm{DCB}_{r,12}-\mathrm{DCB}^{s,12})-d_{r,IF_{12}}+d^{s,IF_{12}}+\lambda_{2}\cdot(N_{r,2}^{s}+b_{r,2}-b_{2}^{s})\\ \bar{N}_{r,3}^{s}=-\gamma_{3}\cdot\beta_{12}\cdot(\mathrm{DCB}_{r,12}-\mathrm{DCB}^{s,12})-d_{r,IF_{12}}+d^{s,IF_{12}}+\lambda_{3}\cdot(N_{r,3}^{s}+b_{r,3}-b_{3}^{s})\\ ifb_{r}^{s}=\gamma_{3}\cdot\beta_{12}\cdot(\mathrm{DCB}_{r,12}-\mathrm{DCB}^{s,12})-d_{r,IF_{12}}+d^{s,IF_{12}}+d_{r,3}-d^{s,3}\end{cases} \tag{2.6}$$

式中，$\bar{P}_{r,1}^{s}$、$\bar{P}_{r,2}^{s}$ 和 $\bar{P}_{r,3}^{s}$ 分别表示已经过卫星和接收机几何距离初值改正，以及

模型化误差改正后的第 1、2 和 3 频率伪距观测值；$\bar{L}^{s}_{r,1}$、$\bar{L}^{s}_{r,2}$ 和 $\bar{L}^{s}_{r,3}$ 分别表示已经过卫星和接收机几何距离初值改正，以及模型化误差改正后的第 1、2 和 3 频率相位观测值；X 表示三维坐标改正数参数；$\boldsymbol{\mu}$ 表示方向余弦向量；$t_{r,12}$ 表示吸收了 1、2 频率无电离层组合接收机端伪距硬件延迟的接收机钟差参数；$\bar{I}^{s}_{r,1}$ 表示吸收了接收机端和卫星端 DCB 的电离层延迟参数；zwd_r 表示对流层湿延迟参数；m^{s}_{r} 表示对流层延迟投影函数；$\bar{N}^{s}_{r,1}$、$\bar{N}^{s}_{r,2}$ 和 $\bar{N}^{s}_{r,3}$ 分别表示 1、2 和 3 频率吸收了接收机端和卫星端伪距和相位硬件延迟的浮点模糊度参数，其余符号同上。

2.1.1.2 两个双频无电离层组合模型

双频无电离层组合模型是基于电离层延迟的特性，通过两个频率的原始观测方程的组合，来消去电离层延迟参数，是经典的 PPP 函数模型（Kouba, Héroux, 2001）。两个双频无电离层组合模型就是利用 3 个频率构造出两个经典的无电离层组合观测方程，通常情况下，利用 1、2 频率组成第一个无电离层组合观测方程，利用 1、3 频率组成第二个无电离层组合观测方程（Guo et al., 2016; Pan et al., 2017）。两个无电离层组合的伪距和相位观测方程的组合形式可表示如下：

$$\begin{cases} P^{s}_{r,12} = \alpha_{12} \cdot P^{s}_{r,1} + \beta_{12} \cdot P^{s}_{r,2} \\ P^{s}_{r,13} = \alpha_{13} \cdot P^{s}_{r,1} + \beta_{13} \cdot P^{s}_{r,3} \end{cases} \tag{2.7}$$

$$\begin{cases} L^{s}_{r,12} = \alpha_{12} \cdot L^{s}_{r,1} + \beta_{12} \cdot L^{s}_{r,2} \\ L^{s}_{r,13} = \alpha_{13} \cdot L^{s}_{r,1} + \beta_{13} \cdot L^{s}_{r,3} \end{cases} \tag{2.8}$$

式中，$P^{s}_{r,12}$ 和 $P^{s}_{r,13}$ 分别表示第 1、2 和第 1、3 频率原始伪距观测值组合成的双频无电离层组合伪距观测值；$L^{s}_{r,12}$ 和 $L^{s}_{r,13}$ 分别表示第 1、2 和第 1、3 频率原始伪距观测值组合成的双频无电离层组合相位观测值；α_{13} 和 β_{13} 表示 1 频率和 3 频率无电离层组合因子，其余符号同上。

在两组无电离层组合观测方程参数化的过程中，接收机端 1、2 频率无电离层组合硬件延迟可被接收机钟差吸收，卫星端 1、2 频率无电离层组合伪距硬件延迟可与 IGS 精密钟差产品中的无电离层组合伪距硬件延迟抵消。然而，在参数化 1、3 频率无电离层观测方程时，卫星端 1、3 频率无电离层组合伪距硬件延迟不能与 IGS 精密钟差产品中的卫星端无电离层组合伪距硬件延迟抵消，为保证接收机钟差参数在两组无电离层组合观测方程上定义的一致性，需要在 1、3 频率无电离层组合伪距观测方程上额外引入一个频间偏差参数 $ifb_{r,\ IF}^{s}$。因此，参数化后的两个双频无电离层组合观测方程可表达如下：

$$\begin{cases}\overline{P}_{r,\ 12}^{s}=\boldsymbol{\mu}\cdot X+t_{r,\ 12}+m_{r}^{s}\cdot \mathrm{zwd}_{r}+\varepsilon_{r,\ 12}^{s}\\ \overline{P}_{r,\ 13}^{s}=\boldsymbol{\mu}\cdot X+t_{r,\ 12}+m_{r}^{s}\cdot \mathrm{zwd}_{r}+ifb_{r,\ IF}^{s}+\varepsilon_{r,\ 13}^{s}\end{cases} \tag{2.9}$$

$$\begin{cases}\overline{L}_{r,\ 12}^{s}=\boldsymbol{\mu}\cdot X+t_{r,\ 12}+m_{r}^{s}\cdot \mathrm{zwd}_{r}+\overline{N}_{r,\ 12}^{s}+\xi_{r,\ 12}^{s}\\ \overline{L}_{r,\ 13}^{s}=\boldsymbol{\mu}\cdot X+t_{r,\ 12}+m_{r}^{s}\cdot \mathrm{zwd}_{r}+\overline{N}_{r,\ 13}^{s}+\xi_{r,\ 13}^{s}\end{cases} \tag{2.10}$$

其中，

$$\begin{cases}t_{r,12}=t_{r}+d_{r,IF_{12}}\\ \overline{N}_{r,12}^{s}=\alpha_{12}\cdot\lambda_{1}\cdot(N_{r,1}^{s}+b_{r,1}-b_{1}^{s})+\beta_{12}\cdot\lambda_{2}\cdot(N_{r,2}^{s}+b_{r,2}-b_{2}^{s})-d_{r,IF_{12}}+d^{s,IF_{12}}\\ \overline{N}_{r,13}^{s}=\alpha_{13}\cdot\lambda_{1}\cdot(N_{r,1}^{s}+b_{r,1}-b_{1}^{s})+\beta_{13}\cdot\lambda_{3}\cdot(N_{r,2}^{s}+b_{r,3}-b_{3}^{s})-d_{r,IF_{12}}+d^{s,IF_{12}}\\ \mathrm{ifb}_{r,IF}^{s}=d^{s,IF_{12}}-d_{r,IF_{12}}+d_{r,IF_{13}}-d^{s,IF_{13}}\end{cases} \tag{2.11}$$

式中，$\overline{P}_{r,\ 12}^{s}$ 和 $\overline{P}_{r,\ 13}^{s}$ 分别表示已经过卫星和接收机几何距离初值改正，以及模型化误差改正后的 1、2 频率和 1、3 频率无电离层组合伪距观测值；$\overline{L}_{r,\ 12}^{s}$ 和 $\overline{L}_{r,\ 13}^{s}$ 分别表示已经过卫星和接收机几何距离初值改正，以及模型化误差改正后的 1、2 频率和 1、3 频率无电离层组合相位观测值；$\overline{N}_{r,\ 12}^{s}$ 表示 1、2 频率无电离层组合浮点模糊度参数，$\overline{N}_{r,\ 13}^{s}$ 表示 1、3 频率无电离层组合浮点模糊度参数；$\varepsilon_{r,\ 12}^{s}$ 和 $\varepsilon_{r,\ 13}^{s}$ 分别表示 1、2 频率和 1、3 频率无电离层组合伪距测量噪声、伪距多路径误差和未模型化的误差之和；$\xi_{r,\ 12}^{s}$ 和 $\xi_{r,\ 13}^{s}$ 分别表示 1、2 频率和 1、3 频率无电离层组合相位测量噪声、相位多路径误差和未模型化的误差之和；其余符号同上。

2.1.1.3　三频无电离层组合模型

三频无电离层组合模型是利用三个频率上的观测值进行线性组合，以达到消去电离层延迟的目的。与双频无电离层组合不同的是，三频无电离层组合模型通常是将三个频率上的观测值组成一组组合的伪距和载波相位观测量，其表达式如下：

$$P^s_{r,\ 123} = e_1 \cdot P^s_{r,\ 1} + e_2 \cdot P^s_{r,\ 2} + e_3 \cdot P^s_{r,\ 3} \tag{2.12}$$

$$L^s_{r,\ 123} = e_1 \cdot L^s_{r,\ 1} + e_2 \cdot L^s_{r,\ 2} + e_3 \cdot L^s_{r,\ 3} \tag{2.13}$$

式中，$P^s_{r,\ 123}$ 表示三频原始伪距观测值组成的组合伪距观测值；$L^s_{r,\ 123}$ 表示三频原始载波相位观测值组成的组合相位观测值；e_1、e_2 和 e_3 分别表示第 1、2 和 3 频率的组合系数；其余符号同上。值得注意的是，组合系数会有不同的选择，主要目的是希望观测方程能具备不同的特性，如长波长、低噪声、无电离层以及模糊度参数为整数等，以满足用户的不同需求。一般情况下，从定位的角度出发，三频无电离组合模型的观测方程可按消电离层、最小噪声、几何距离不变这三个特性来确定唯一的组合系数（Guo et al.，2016；Deo et al.，2018），其表达式如下：

$$\begin{cases} e_1 + e_2 + e_3 = 1 \\ e_1 \cdot \gamma_1 + e_2 \cdot \gamma_2 + e_3 \cdot \gamma_3 = 0 \\ \sqrt{e_1^2 + e_2^2 + e_3^2} = \min \end{cases} \tag{2.14}$$

三频无电离层组合模型参数化的过程中，三频组合的接收机端伪距硬件延迟可被接收机钟差参数吸收，三频组合的相位硬件延迟可被组合模糊度参数吸收，形成组合的三频浮点模糊度参数，则相应的参数化的观测方程可表达如下：

$$\bar{P}^s_{r,\ 123} = \boldsymbol{\mu} \cdot X + t_{r,\ 123} + m^s_r \cdot \mathrm{zwd}_r + \varepsilon^s_{r,\ 123} \tag{2.15}$$

$$\bar{L}^s_{r,\ 123} = \boldsymbol{\mu} \cdot X + t_{r,\ 123} + m^s_r \cdot \mathrm{zwd}_r + \bar{N}^s_{r,\ 123} + \xi^s_{r,\ 123} \tag{2.16}$$

其中，

$$\begin{cases} t_{r,\ 123} = t_r + e_1 b_{r,\ 1} + e_2 b_{r,\ 2} + e_3 b_{r,\ 3} \\ \bar{N}^s_{r,\ 123} = e_1 \boldsymbol{\lambda}_1 \cdot (N^s_{r,\ 1} + b_{r,\ 1} - b^s_1) + e_2 \boldsymbol{\lambda}_2 \cdot (N^s_{r,\ 2} + b_{r,\ 2} - b^s_2) \\ + e_3 \boldsymbol{\lambda}_3 \cdot (N^s_{r,\ 3} + b_{r,\ 3} - b^s_3) - (e_1 b_{r,\ 1} + e_2 b_{r,\ 2} + e_3 b_{r,\ 3}) + d^{s,\ IF_{12}} \end{cases} \tag{2.17}$$

式中，$\bar{P}^s_{r,\ 123}$ 和 $\bar{L}^s_{r,\ 123}$ 分别表示已经过卫星和接收机几何距离初值改正，以及模型化误差改正后的三频无电离层组合伪距观测值和相位观测值；$t_{r,\ 123}$ 表示包含三频组合伪距硬件延迟的接收机钟差参数；$\overline{N}_{r,123}^{s}$ 为三频组合的浮点模糊度参数；$\varepsilon_{r,123}^{s}$ 表示三频组合的伪距测量噪声、多路径误差以及未模型化的误差之和；$\xi_{r,123}^{s}$ 表示三频组合的相位测量噪声、多路径误差以及未模型化的误差之和；其余符号同上。

2.1.2　三频 PPP 随机模型

PPP 中随机模型的主要任务是要确定观测量之间的相对关系，其中包括：观测量之间的先验关系以及随时间动态变化的观测量之间的关系。这种相对关系可用各观测量的标准差来量化。各个观测量的先验标准差通常依据经验来确定，而动态变化的观测量的标准差可表达成与卫星高度角或接收机信噪比（Signal to Noise Ratio，SNR）有关的函数（Wang et al.，2002；Satirapod，Luansang，2008）。

本书主要采用高度角加权的方式确定 PPP 的随机模型。然而，对于不同的三频 PPP 函数模型来讲，由于其观测量的组合方式不同，所对应的随机模型的表达形式也有所不同。首先，三频非组合 PPP 的随机模型可表达如下：

$$\boldsymbol{\Sigma}_{UC\text{-}123} = \begin{bmatrix} \sigma_1^2 & 0 & 0 \\ 0 & \sigma_2^2 & 0 \\ 0 & 0 & \sigma_3^2 \end{bmatrix} = \sigma_0^2 \cdot a_0^2 \cdot \boldsymbol{I} \tag{2.18}$$

其中，

$$a_0 = \begin{cases} 1, & E \geq 30 \\ 1/2\sin E, & E < 30 \end{cases} \tag{2.19}$$

式中，$\boldsymbol{\Sigma}_{UC\text{-}123}$ 表示随机模型；σ_1、σ_2 和 σ_3 表示第 1、2 和 3 频率伪距或相位观测值的标准差；$\boldsymbol{I}$ 表示单位矩阵；该随机模型中各频率的标准差由先验标准差 σ_0 和高度角加权因子 a_0 的乘积所组成；其中，a_0 是根据卫星截止高度角 E 所构造的分段函数（Ge et al.，2008）；一般情况下，可假设三个频率的伪距和相位观测值的先验标准差相等，且伪距先验标准差 σ_0 取值为 0.3m，相位先验标准差 σ_0 取值为 0.003m。

在三频非组合 PPP 随机模型构建完成后，根据误差传播定律以及式（2.7）或式（2.8），很容易得到两个无电离层组合 PPP 的随机模型，其表达式如下：

$$\boldsymbol{\Sigma}_{IF\text{-}12/13}=\begin{bmatrix}\alpha_{12} & \beta_{12} & 0\\ \alpha_{13} & 0 & \beta_{13}\end{bmatrix}\cdot\begin{bmatrix}\sigma_1^2 & 0 & 0\\ 0 & \sigma_2^2 & 0\\ 0 & 0 & \sigma_3^2\end{bmatrix}\cdot\begin{bmatrix}\alpha_{12} & \alpha_{13}\\ \beta_{12} & 0\\ 0 & \beta_{13}\end{bmatrix}$$

$$=\sigma_0^2\cdot a_0^2\cdot\boldsymbol{I}\cdot\begin{bmatrix}\alpha_{12}^2+\beta_{12}^2 & \alpha_{12}\alpha_{13}\\ \alpha_{12}\alpha_{13} & \alpha_{13}^2+\beta_{13}^2\end{bmatrix} \tag{2.20}$$

与式（2.20）相类似，根据误差传播定律以及式（2.12）或式（2.13），三频无电离层组合 PPP 的随机模型可表达如下：

$$\boldsymbol{\Sigma}_{IF\text{-}123}=[e_1\quad e_2\quad e_3]\cdot\begin{bmatrix}\sigma_1^2 & 0 & 0\\ 0 & \sigma_2^2 & 0\\ 0 & 0 & \sigma_3^2\end{bmatrix}\cdot\begin{bmatrix}e_1\\ e_2\\ e_3\end{bmatrix}$$

$$=\sigma_0^2\cdot a_0^2\cdot\boldsymbol{I}\cdot(e_1^2+e_2^2+e_3^2) \tag{2.21}$$

2.2 三频 PPP 误差分类与处理

精确地改正和处理三频 PPP 中的各项误差是实现高精度位置参数估计的前提条件。传统 PPP 的误差分类方式通常是按照误差来源进行分类，包括：与卫星有关的误差、与接收机有关的误差以及与传播路径有关的误差。本章为了强调多频率 PPP 中相关误差的处理，特别将 PPP 中所包含的主要误差按与频率有关的误差和与频率无关的误差进行分类，并对各项误差的处理方法进行简要介绍和讨论。

2.2.1 与频率无关的误差

这里所说的与频率无关的误差，并不是意味着这些误差与信号频率无任何关系，只是在实际的 PPP 数据处理中，这类误差并不需要因不同频率的观测值而进行区别处理。

2.2.1.1 卫星轨道误差

GNSS 卫星轨道误差是指卫星星历与 GNSS 卫星真实位置之间的误差。卫星星历通常是由监测站对卫星进行观测，利用观测数据进行解算而得到的，观测值和解算过程都不可避免地会产生误差，从而会导致星历误差。在 PPP 数据处理中，一般采用 IGS 精密轨道来削弱 GNSS 卫星轨道误差对定位的影响。目前，已有多家 IGS 分析中心可提供 GPS、GLONASS、BDS、Galileo 以及 QZSS 多系统最终精密轨道产品以及实时精密轨道产品。IGS GPS 最终精密轨道的精度约为 2.5cm，对应的实时精密轨道设计精度为 5cm，可以满足事后或实时 PPP 的精度需求。IGS 精密轨道采用率一般为 5min 或 15min，在使用时，可通过内插的方法来获取数据解算时刻所对应的精密轨道。

2.2.1.2　卫星与接收机钟差

接收机钟和卫星钟对准的时间均为标准 GNSS 时。当信号离开卫星时，卫星钟钟面时与标准 GNSS 时之间的误差称为卫星钟误差；当接收机接收到信号时，接收机钟钟面时与标准 GNSS 时之间的误差称为接收机钟误差。在 PPP 数据处理中，卫星钟误差通常利用 IGS 精密钟差产品进行改正。目前，已有有多家 IGS 分析中心可提供 GPS、GLONASS、BDS、Galileo 以及 QZSS 多系统最终精密钟差产品以及实时产品。精密卫星钟差产品的采样率通常是 30s 或 5min，在使用时，可根据数据解算时刻，通过内插的方法来获取对应时刻的精密卫星钟差。相比卫星所采用的原子钟，接收机钟一般采用石英钟，导致接收机钟的稳定度更差，难以精确建立模型。因此，在 PPP 数据处理中，通常会将接收机钟差以白噪声的方式进行参数估计（Kouba，Héroux，2001）。

2.2.1.3　对流层延迟

对流层延迟通常是指电磁波信号传播至 60 km 以下中性大气层时所产生的信号延迟。根据不同高度角的观测资料显示，对流层延迟量可达从几米到几十米不等。由于中性大气层对频率小于 15GHz 的无线电波是非弥散介质，即信号传播与频率无关，所以不能通过 GNSS 双频观测值组合的方法来消除对流层延迟（黄丁发等，2015）。因此，在非差数据处理中，对流层延迟主要通过高精度建模进行改正或者在参数估计时，将对流层延迟设为参数，与位置参数一同估计。

在实际的 PPP 数据处理中，通常会将对流层延迟误差分成干分量和湿分量两部分。由于这两部分误差的特性不同，所采用的处理方法也不同。干分量主要是由大气中干燥的气体所引起的，这部分误差可以通过建立高精度函数模型来改正。常用的模型主要有霍普菲尔德模型（Hopfield，1969）、萨斯塔莫宁模型（Saastamoinen，1972）以及勃兰克模型等。湿分量主要由大气中的水汽所引起，由于水汽随时间变化较大，难以建立高精度改正模型，通常将其设为参数，进行参数估计。在估计湿分量时，并不是直接估计每颗卫星传播路径上的斜延迟，而是将其统一地投影到天顶方向，其表达式如下：

$$T_r^s = m_{dry} \mathrm{zdd}_{dry} + m_{wet} \mathrm{zwd}_{wet} \tag{2.22}$$

式中，T_r^s 为卫星 s 和接收机 r 之间对流层斜路径延迟；zdd_{dry} 和 zwd_{wet} 分别表示天顶方向对流层干分量和湿分量；m_{dry} 和 m_{wet} 分别表示对流层干分量和湿分量的投影函数，一般情况下，干分量和湿分量所采用的投影函数相同。投影函数的种类较多，目前常用的投影函数主要有：NMF 模型（Niell，1996）、GMF 模型（Boehm et al.，2006）以及 VMF1 模型（Boehm et al.，2006）。需要注意的是，由于湿分量变化较快，在参数估计时，通常对其采用分段线性估计或采用随机游走模型估计。

2.2.1.4　相对论效应

由于 GNSS 卫星钟在太空时的运行速度以及地球引力位与其在地球表面时有所不同，导致其钟频发生变化，钟频的变化会引起卫星钟读数误差，进而导致观测的卫星至接收机几何距离产生误差，在 GNSS 数据处理中，通常称这种误差为相对论效应误差。假设地球为均匀的圆球，卫星绕圆轨道运动时，卫星钟钟频会发生约 0.00455Hz 的变化。因此，卫星产商在卫星出厂时有意将卫星钟钟频调低 0.00455Hz，这样用户就无需顾及相对论效应误差。然而，地球并非均匀的圆球，虽然 GNSS 卫星轨道的偏心率很小，但仍然不等于 0。所以，相对论效应引起的卫星钟钟频的变化并不是常数，会随着卫星的运动而变化。有关数据表明：随卫星运动而变化的钟频，最大会引起 6.864m 的测距误差（李征航等，2016），因此，对于这种周期变化的钟频引起的测距误差必须予以改正。在 PPP 数据处理中，其改正表达式如下（Kouba，Héroux，2001）：

$$\Delta \mathrm{rel} = -\frac{2}{c}\overline{\boldsymbol{X}^s} \cdot \dot{\boldsymbol{X}}^s \tag{2.23}$$

式中，Δrel 表示测距误差，可直接改正到每个频率伪距或载波相位观测值上；$\overline{X}^s$ 表示卫星位置向量；$\dot{X}^s$ 表示卫星运动速度向量；c 表示光速。

2.2.2　与频率有关的误差

2.2.2.1　电离层延迟

电离层延迟通常是指电磁波信号传播经过距地表 60～1000 km 的大气区域（也称电离层）时所产生的信号延迟。经不同高度角传播，这种信号延迟可达十几米到几十米不等。由于电离层本身的特性，不同频率信号以及不同传播介质在经过电离层区域时传播速度会有所不同，导致其电离层延迟不同。因此，GNSS 所播发的不同频率信号所受到的电离层延迟影响是不同的，而且伪距和载波相位观测值所受到的电离层延迟影响也是不同的。

在 GNSS 非差数据处理中，常用的电离层延迟误差处理方法主要有模型改正法、不同频率组合观测值消去法以及参数估计法。模型改正法可以分为基于经验的电离层模型改正法和基于实测 GNSS 观测数据的电离层模型改正。基于经验的电离层模型主要有本特（Bent）模型、国际参考电离层（International Reference Ionosphere，IRI）模型以及克罗布歇（Klobuchar）模型。然而，这些经验电离层模型，仅能将电离层延迟误差改正 50%～60%，仅适用于低精度导航，无法满足高精度定位的需求。基于实测 GNSS 观测数据的电离层模型主要有全球电离层格网图（GIM）以及 CODE 电离层格网模型，虽然，相比克罗布歇模型，使用 CODE 电离层格网模型改正电离层延迟，可使单频用户定位精度显著提高（许承权，2008）。但是，这些改正模型对电离层延迟误差改正效果仍然有限。双频或多频 PPP 数据处理中，电离层延迟的处理主要利电离层与信号频率的二次方的关系，采用双频或多频消电离层组合观测值来消去电离层延迟误差，或者利用双频或多频原始频率观测值，将每颗卫星的电离层斜延迟作为待估参数，与其他参数一同估计（张宝成等，2010；李玮等，2011）。

2.2.2.2　卫星与接收机硬件延迟

信号从卫星内部产生到信号离开卫星的过程中，由于信号在卫星内部传播的速度不等于光速，会导致时间延迟，这种时间延迟被称为卫星硬件延迟。由于伪距和载波相位这两类观测值产生的卫星硬件延迟不同，因此，卫星硬件延迟可分为卫星伪距硬件延迟和卫星相位硬件延迟。卫星伪距硬件延迟又称为卫星伪距偏差或卫星码偏差（Satellite Code Bias，SCB），卫星相位硬件延迟又可称为卫星相位偏差（Satellite Phase Bias，SPB）。不同频率信号或不同调制方式的卫星伪距偏差均不相同，不同频率信号的卫星相位偏差也不相同，因此，不同频率的卫星伪距或相位偏差应区别处理。一般来讲，每个频率上的卫星伪距或相位偏差很难利用物理手段进行预先标定，因而目前无法直接对其进行模型建立以及偏差改正。然而，不同频率卫星伪距偏差的差值比较容易确定，这种差值通常称为差分码偏差（Differential Code Bias，DCB）。在多频 PPP 数据处理中，可以利用多频 DCB 产品进行伪距偏差一致性改正（具体方法见第 5 章）。在多频 PPP 浮点解中，每个频率的卫星相位偏差通常会被对于频率的模糊度参数完全吸收形成浮点模糊度。在多频 PPP 固定解中，必须提前校准卫星相位偏差，使浮点模糊度恢复整数特性。详细的多频卫星相位偏差估计和改正方法可见第 3 章和第 5 章。

类似于卫星硬件延迟，信号从进入接收机内部至最终被接收完成时，信号在接收机内部的传播速度不等于光速，导致时间延迟，这种延迟通常被称为接收机硬件延迟。同样，接收机硬件延迟也可分为接收机伪距硬件延迟或称为接收机伪距偏差，以及接收机相位硬件延迟或称为接收机相位偏差。接收机硬件延迟同样与频率信号及信号调制方式有关。此外，不同型号的接收机硬件延迟不同，同一接收机不同时刻的接收机硬件延迟也不同。因此，很难对其进行建模或预报。在实际的 PPP 数据处理中，对于 PPP 浮点解，接收机硬件延迟通常会被接收机钟差吸收，并不影响定位结果。对于 PPP 固定解，可以通过星间单差的方式消除接收机硬件延迟（Ge et al.，2008）。因此，接收机硬件延迟在 PPP 解算中无需另行考虑。此外，需要说明的是，接收机相位偏差和卫星相位偏差可统称为未校准的相位硬件延迟（Uncalibrated Phase Delay，UPD），在使用时需要区分接收机端 UPD 或卫星端 UPD。

2.2.2.3 卫星与接收机天线相位中心偏差及变化

天线相位中心误差包括卫星端天线相位中心误差以及接收机端天线相位误

差。目前，精密星历提供的坐标是在卫星质心，而信号真正的发射是在卫星天线相位中心，卫星质心与卫星天线相位中心之间的误差称为卫星天线相位中心误差。同样，接收机天线参考点与接收机天线相位中心之间的误差称为接收机天线相位中心误差。实际上，天线相位中心会随着信号传播或接收的高度角以及方位角的变化而发生变化，这种瞬时变化的天线相位中心与卫星质心或天线参考点之间的误差称为天线相位中心变化（Phase Center Variation，PCV），这些瞬时变化的天线相位中心的平均值与卫星质心或天线参考点之间的误差称为天线相位中心偏差（Phase Center Offset，PCO）。

在 PPP 数据处理中，天线相位中心误差改正通常采用 IGS 提供接收机端和卫星端 PCO/PCV 改正文件。从 2006 年起，IGS 天线工作组开始提供绝对天线相位中心误差改正文件，先后经历 igs05. atx 和 igs08. atx 等天线相位中心误差改正文件，目前已更新至 igs14. atx 天线改正文件，该文件中的天线相位中心误差改正与 IGS14 参考框架定义相一致。最新的 igs14_2062. atx 文件（2019 年 7 月）中包含了 GPS、GLONASS、BDS、Galileo、QZSS 以及 IRNSS 六系统卫星天线相位误差改正，可从 ftp：//ftp. igs. org/pub/station/general 网站进行下载。然而，目前对于 GPS 和 GLONASS 系统，该天线改正文件只能提供 2 个频率上的接收机和卫星端 PCO/PCV；对于 Galileo 系统，虽然能提供 5 个频率上的卫星 PCO/PCV，但不能提供接收机端 PCO/PCV；对于 BDS 系统，只能提供不同频率上的卫星 PCO，缺少卫星 PCV，也缺少接收机端 PCO/PCV；对于 QZSS 系统，能提供 4 个频率卫星 PCO/PCV，缺少接收机端 PCO/PCV；对于 IRNSS 系统，只能提供 2 个频率的卫星 PCO，缺少卫星 PCV 以及接收机端 PCO/PCV。因此，多频多系统天线相位中心误差的标定工作仍需进一步发展。

2.2.2.4　天线相位缠绕

GNSS 卫星信号通常会采用右旋极化波，当卫星天线与接收机天线发生相对旋转时，会使载波相位观测值产生误差，这种误差通常被称为天线相位缠绕误差（Wu et al.，1993）。卫星天线与接收机天线的相对旋转主要是由于卫星天线旋转而产生的。在卫星运动时，其太阳能电池板总是要对准太阳方向，卫星姿态发生旋转，因而卫星天线也要随之旋转。通常情况下，在 PPP 数据处理中，天线相位缠绕误差会达到分米级影响，因而必须加以改正。天线相位缠绕误差可以用模型改正，其表达式如下：

$$\delta\phi = \mathrm{sign}(\zeta)\arccos(\boldsymbol{d}' \cdot \boldsymbol{d} / |\boldsymbol{d}'||\boldsymbol{d}|) \tag{2.24}$$

其中，

$$\begin{cases} \zeta = \boldsymbol{k} \cdot (\boldsymbol{d}' \times \boldsymbol{d}) \\ d' = x' - \boldsymbol{k} \cdot (\boldsymbol{k} \cdot x') - \boldsymbol{k} \times y' \\ d = x - \boldsymbol{k} \cdot (\boldsymbol{k} \cdot x) + \boldsymbol{k} \times y \end{cases} \tag{2.25}$$

式中，$\boldsymbol{d}'$ 表示星固坐标系下的单位向量；$\boldsymbol{d}$ 表示地固坐标系下的单位向量；$\boldsymbol{k}$ 表示卫星到接收机的单位向量；(x', y', z') 表示卫星端有效的偶级向量；(x, y, z) 表示接收机端有效偶极向量。此外，天线相位缠绕误差与各频率载波相位观测值的波长有关，每个频率的载波相位观测值的天线相位缠绕误差改正为：

$$\delta\overline{\phi}_n = \delta\phi \cdot \lambda_n \tag{2.26}$$

式中，λ_n 表示第 n 个频率载波相位观测值的波长；$\delta\overline{\phi}_n$ 表示第 n 个频率载波相位观测值天线相位缠绕误差改正值。

2.2.2.5 多路径误差

多路径效应包括接收机端和卫星端多路径效应。接收机端多路径效应通常是指接收机天线在接收入射信号的同时，也接收到接收机周围的反射信号，入射信号和反射信号发生干涉，使观测值产生误差。载波相位多路径误差一般不超过各频率载波波长的 1/4，GPS L1 和 L2 载波相位多路径误差最大可达 4.8cm 和 6.1cm。相比载波相位多路径，伪距多路径对伪距观测值的影响更大，其值可达十几米至数十米（董大南等，2018）。由于观测环境的复杂性和多样性，因接收机端多路径效应产生的观测值误差难以建立模型改正，到目前为止，也没能够从根本上消除接收机端多路径影响的方法，仍然是 GNSS 数据处理领域中的难题。但是，目前已有一些方法可以削弱多路径效应的影响。从观测环境的角度看，可以选择平坦、开阔以及无遮挡的环境，尽可能避开大范围的水域。然而，这种削弱多路径效应的办法只适合于基准站，并不适合于大众化的用户站。从硬件的角度看，可使用右旋圆极化天线以及扼流圈天线，此外还采用抑径板。从软件和算法的角度看，可使用多路径消除技术（mutipath elimination technology，MET）以及多路径延迟锁相环路技术（multipath estimation delay lock loop，MEDLL）。相比接收机端多路径误差，卫星端多路径误差处理较为简单，可以通过星间单差法进行消去或者误差建模的方法进行改正（Wanninger，Beer，2015；董大南等，2018）。

2.3　三频 PPP 数据预处理与参数估计

本节主要介绍三频 PPP 数据预处理以及参数估计方法。PPP 数据预处理主要涉及伪距粗差探测、接收机钟跳探测与修复以及周跳探测等方面。由于三频 PPP 和双频 PPP 中伪距粗差探测、接收机钟跳探测与修复的处理方法区别不大，因此，本书对其不做详细介绍，重点介绍三频观测值周跳探测方法。同时，本节对 PPP 解算中序贯最小二乘参数估计方法做简要介绍。

2.3.1　三频相位观测值周跳探测

载波相位观测值通常包括整周计数和不足一周的小数部分，由于某种原因，整周计数发生了 n 周变化，而不足一周的小数部分保持正常，这样的情况可称为整周跳变或周跳。引起周跳发生的原因很多，如树木房屋遮挡、高速运动时引起的信号失锁等。周跳的发生会使载波相位观测值发生变化，进而引起卫星至接收机的测距误差。因此，在 PPP 解算中，必须正确处理周跳。目前，周跳的处理方式一般有两种：第一，探测并修复周跳；第二，只探测不修复周跳，将发生周跳的时域重置模糊度参数。一般来讲，修复周跳的可靠性难以保证，错误的修复周跳会引起严重的测距误差（李盼，2016）。因此，本书选择第二种策略处理周跳，只探测不修复，将发生周跳的时域重置模糊度参数。

周跳探测的方法有多种，如 TurboEdit 方法（Blewitt，1990）、多项式拟合和高次差法（袁红等，1998）、小波分析法（蔡昌盛等，2007）、伪距相位组合法（张成军等，2009）以及 Kalman 滤波法等（何海波等，2010）。然而，在 PPP 数据处理中，相比于其他周跳探测方法，TurboEdit 方法应用得最为广泛。经典的 TurboEdit 算法是基于双频 GNSS 观测值，本书对 TurboEdit 算法进行拓展，使其能够满足三频相位观测值的周跳探测。TurboEdit 算法的主要思想是基于两组观测值线性组合，依据线性组合观测值历元间变化特性，来判断是否发生周跳。首先，构造 HMW 组合，对于三频观测值，每一历元利用 1、2 频率和 1、3 频率伪距和相位观测值可构造出两组 HMW 组合，其表达式如下：

$$\begin{cases} N_{WL,12} = \dfrac{f_1 P_1 + f_2 P_2}{f_1 + f_2} - (\varphi_1 - \varphi_2) \cdot \lambda_{WL,12} \\ N_{WL,13} = \dfrac{f_1 P_1 + f_3 P_3}{f_1 + f_3} - (\varphi_1 - \varphi_3) \cdot \lambda_{WL,13} \end{cases} \tag{2.27}$$

式中，φ_1、φ_2 和 φ_3 分别表示 1、2 和 3 频率载波相位观测值，以周为单位；$\lambda_{WL,12}$ 和 $\lambda_{WL,13}$ 分别表示 1、2 频率和 1、3 频率宽巷相位观测值对应的波长；$N_{WL,12}$ 和 $N_{WL,13}$ 分别表示 1、2 频率和 1、3 频率宽巷模糊度；其余符号同上。根据式（2.28），两组宽巷模糊度从第 1 到第 i 历元的均值及其方差可表示如下：

$$\begin{cases} \overline{N}^{i}_{WL,12} = \overline{N}^{i-1}_{WL,12} + \dfrac{1}{i}(N^{i}_{WL,12} - \overline{N}^{i-1}_{WL,12}) \\ \sigma^2_{WL,12,i} = \sigma^2_{WL,12,i-1} + \dfrac{1}{i}[(N^{i}_{WL,12} - \overline{N}^{i-1}_{WL,12})^2 - \sigma^2_{WL,12,i-1}] \end{cases} \tag{2.28}$$

$$\begin{cases} \overline{N}^{i}_{WL,13} = \overline{N}^{i-1}_{WL,13} + \dfrac{1}{i}(N^{i}_{WL,13} - \overline{N}^{i-1}_{WL,13}) \\ \sigma^2_{WL,13,i} = \sigma^2_{WL,13,i-1} + \dfrac{1}{i}[(N^{i}_{WL,13} - \overline{N}^{i-1}_{WL,13})^2 - \sigma^2_{WL,13,i-1}] \end{cases} \tag{2.29}$$

式中，$\overline{N}^{i}_{WL,12}$ 和 $\overline{N}^{i-1}_{WL,12}$ 分别表示从第 1 历元至第 i 和第 $i-1$ 个历元 1、2 频率宽巷模糊度均值；$\sigma^2_{WL,12,i}$ 和 $\sigma^2_{WL,12,i-1}$ 分别表示对应历元的 1、2 频率宽巷模糊度均值的方差；$\overline{N}^{i}_{WL,13}$ 和 $\overline{N}^{i-1}_{WL,13}$ 分别表示从第 1 历元至第 i 和第 $i-1$ 个历元 1、3 频率宽巷模糊度均值；$\sigma^2_{WL,13,i}$ 和 $\sigma^2_{WL,13,i-1}$ 分别表示对应历元的 1、3 频率宽巷模糊度均值的方差。根据式（2.28）和式（2.29），利用当前历元宽巷模糊度与上一历元宽巷模糊度均值差值来判断有无周跳发生，其表达式如下：

$$|N^{i+1}_{WL,12} - \overline{N}^{i}_{WL,12}| < R \tag{2.30}$$

$$|N^{i+1}_{WL,13} - \overline{N}^{i}_{WL,13}| < R \tag{2.31}$$

式中，R 表示阈值，阈值的选择可以根据宽巷模糊度均值的方差、卫星高度角以及经验值等指标来综合确定。若不满足式（2.30），则认为第 1 或 2 频率观测值在第 $i+1$ 历元发生了周跳或产生粗差，判断周跳还是粗差的方法，本节不做详细讨论。若不满足式（2.30），则认为第 1 或 3 频率观测值在第 $i+1$ 历元发生了周跳或产生粗差。若满足式（2.30）或式（2.31），并不能说明 1、2 频率或 1、3 频率观测值没有发生周跳，主要是因为 HMW 组合受伪距噪声的影响无法探测小周跳，而且受限于组合形式也无法探测出两个频率同时产生相同的周跳。因此，还需要用电离层残差组合做进一步探测，其表达如下（推导过程已省略）：

$$L_{I,\ 12}=\varphi_1\lambda_1-\varphi_2\lambda_2=\frac{f_1^2-f_2^2}{f_1^2f_2^2}\times 40.3\text{TEC}-(N_1\lambda_1-N_2\lambda_2) \tag{2.32}$$

$$L_{I,\ 13}=\varphi_1\lambda_1-\varphi_3\lambda_3=\frac{f_1^2-f_3^2}{f_1^2f_3^2}\times 40.3\text{TEC}-(N_1\lambda_1-N_3\lambda_3) \tag{2.33}$$

式中，$L_{I,\ 12}$ 和 $L_{I,\ 13}$ 分别表示 1、2 频率和 1、3 频率电离层残差组合；TEC 表示总电子含量；通常情况下，TEC 历元间变化比较平缓且有规律。因此，在不发生周跳的情况下，$L_{I,\ 12}$ 和 $L_{I,\ 13}$ 历元间变化比较稳定。基于电离层残差组合的变化特性，可建立历元间差分表达式来探测周跳：

$$|L_{I,\ 12}^{i+1}-L_{I,\ 12}^{i}|<R' \tag{2.34}$$

$$|L_{I,\ 13}^{i+1}-L_{I,\ 13}^{i}|<R' \tag{2.35}$$

式中，$L_{I,\ 12}^{i+1}$ 和 $L_{I,\ 12}^{i}$ 分别表示第 $i+1$ 和第 i 历元 1、2 频率电离层残差组合；$L_{I,\ 13}^{i+1}$ 和 $L_{I,\ 13}^{i}$ 分别表示第 $i+1$ 和第 i 历元 1、3 频率电离层残差组合；R' 表示阈值。实际上，除了建立式（2.34）和式（2.35）这样的周跳探测条件，也可以根据电离层残差组合观测值建立多项式进行周跳探测，此处不再详细讨论。判断某卫星某历元三频观测值是否发生周跳，可根据以下两个原则：第一，若同时满足式（2.30）和式（2.34）则可认为 1、2 频率无周跳发生；若同时满足式（2.31）和式（2.35）则可认为 1、3 频率无周跳发生；若 1、2 频率和 1、3 频率上均未探测周跳发生，则认为该历元未发生周跳；第二，若在 1、2 频率上或者在 1、3 频率上探测出周跳，则认为该历元发生周跳。

2.3.2　序贯最小二乘估计法

PPP 数据处理中的参数估计方法主要有序贯最小二乘估计法和卡尔曼滤波估计法，本书以序贯最小二乘估计法为例介绍 PPP 中参数估计方法。经典的最小二乘参数估计方法通常是将 GNSS 所有历元的法方程叠加，然后统一求得到最终的参数估值及其方差-斜方差矩阵。这种整体最小二乘的缺点比较明显：第一，无法获取每个历元的参数估值，从而无法进行实时定位；第二，当最终参数估值出现问题时，并不清楚解算过程中哪个历元出现问题。序贯最小二乘可以很好地解决这两个方面的问题。式（2.4）和式（2.5）对应的伪距和相位误差方程可简化表达如下：

$$V_p = A\bar{X} + B\bar{Y} - L_P \quad P_P \tag{2.36}$$

$$V_L = A\bar{X} + B\bar{Y} + C\bar{Z} - L_L \quad P_L \tag{2.37}$$

式中，V_P 和 V_L 分别表示伪距和载波相位观测值改正数；$\bar{X}$ 表示确定性参数，如接收机三维坐标参数；$\bar{Y}$ 表示状态参数，如接收机钟差参数，电离层参数等（葛茂荣，1995）；$\bar{Z}$ 表示模糊度参数；A、B 和 C 分别表示各类参数前的系数；L_P 和 L_L 分别表示伪距和载波相位误差方程常数项；P_P 和 P_L 分别表示伪距和相位观测值的权。根据该组误差方程，可形成对应的法方程，其表达式如下：

$$\begin{bmatrix} N_{11} & N_{12} & N_{13} \\ N_{21} & N_{22} & N_{23} \\ N_{31} & N_{32} & N_{33} \end{bmatrix} \begin{bmatrix} \bar{X} \\ \bar{Y} \\ \bar{Z} \end{bmatrix} = \begin{bmatrix} L_1 \\ L_2 \\ L_3 \end{bmatrix} \tag{2.38}$$

PPP 数据处理中，各待估参数一般具有先验方差，可以将这些信息视为虚拟观测信息，并建立虚拟误差方程，其表达式如下：

$$\begin{bmatrix} V_{\bar{X}} \\ V_{\bar{Y}} \\ V_{\bar{Z}} \end{bmatrix} = \begin{bmatrix} I & & \\ & I & \\ & & I \end{bmatrix} \begin{bmatrix} \bar{X} \\ \bar{Y} \\ \bar{Z} \end{bmatrix}, \quad \begin{bmatrix} P_{\bar{X}} & & \\ & P_{\bar{Y}} & \\ & & P_{\bar{Z}} \end{bmatrix} \tag{2.39}$$

将式（2.39）形成法方程叠加到式（2.38），则原始法方程表达式可变为：

$$\begin{bmatrix} \bar{N}_{11} & N_{12} & N_{13} \\ N_{21} & \bar{N}_{22} & N_{23} \\ N_{31} & N_{32} & \bar{N}_{33} \end{bmatrix} \begin{bmatrix} \bar{X} \\ \bar{Y} \\ \bar{Z} \end{bmatrix} = \begin{bmatrix} L_1 \\ L_2 \\ L_3 \end{bmatrix} \tag{2.40}$$

式中，系数矩阵主对角线矩阵由 N_{11}、N_{22} 和 N_{33} 变为 $\bar{N}_{11}$、$\bar{N}_{22}$ 和 $\bar{N}_{33}$。根据式（2.40）可直接求出该历元各类参数估值。然而，某些状态参数，如接收机钟差参数是逐历元动态变化的，上个历元的观测信息不能代入到下个历元解算，为了避免法方程矩阵逐历元增大，一般在每个历元参数估计之后，会将这类参数消去。各类参数是否需要消去取决于其随机特性，例如，在静态 PPP 处理中，坐标参数认为是常量，则每个历元参数估计结束后，坐标参数不能消去；在动态 PPP 处理中，坐标参数则是动态变化的，一般将其随机模型设置为白噪声，此时坐标参数类似于接收机钟差参数，在每个历元参数估计完成后需要消去。若消去式（2.40）中的参数 $\overline{Y}$，表达式可变化为：

$$\begin{bmatrix} \overline{N}'_{11} & 0 & N'_{13} \\ 0 & 0 & 0 \\ N'_{31} & 0 & \overline{N}'_{33} \end{bmatrix} \begin{bmatrix} \overline{X} \\ 0 \\ \overline{Z} \end{bmatrix} = \begin{bmatrix} L'_1 \\ 0 \\ L'_3 \end{bmatrix} \tag{2.41}$$

式中，消去 $\overline{Y}$ 参数的同时，其法方程对应的行列以及其常数项均需消去；法方程和常数项其他行列也随之发生改变（葛茂荣，1995）。根据式（2.37）容易得到下一历元观测值的法方程并将其叠加到当前历元的法方程式（2.41），可得到下一历元完整的法方程，其表达式如下：

$$\begin{bmatrix} \overline{N}'_{11} + N_{11} & N_{12} & N'_{13} + N_{13} \\ N_{21} & N_{22} & N_{23} \\ N'_{31} + N_{31} & N_{32} & \overline{N}'_{33} + N_{33} \end{bmatrix} \begin{bmatrix} \overline{X} \\ \overline{Y}' \\ \overline{Z} \end{bmatrix} = \begin{bmatrix} L'_1 \\ L_2 \\ L'_3 \end{bmatrix} \tag{2.42}$$

式中，$\overline{Y}'$ 表示下一历元新的状态参数。利用式（2.42）可以完成下一历元的参数估计，重复上述过程，可依次得到每个历元的参数估值。

2.4　BDS 三频 PPP 定位性能分析

本小节利用 BDS 三频数据验证三种三频 PPP 定位模型，并比较其静态和动态模式下的浮点解定位性能，包括收敛时间以及定位精度等。

2.4.1　实验数据与策略

本次实验选用 2016 年 026 天（年积日）至 032 天 HBZG、HIHK、HLAR、JSYC、NMBT、SDRC、SNMX、SXKL、SXTY、XIAM、XJKE、YNSM 等 12 个测站上的 BDS 三频观测数据，这些测站来自中国大陆构造环境监测网（简称陆态网)，数据采用率为 30s。PPP 参数估计方法采用序贯最小二乘估计；卫星截止高度角设为 7°；卫星轨道和钟差采用 GFZ 提供的 GBM 多系统精密轨道和钟差产品，采样率分别为 5min 和 30s；接收机钟差设为参数，其随机模型采用白噪声；对流层干分量采用萨斯塔莫宁模型，湿分量采用分段常数法（2h 间隔）进行参数估计，投影函数选用 GMF 模型；无电离层组合模型可将消去电离层延迟误差，非组合模型中将电离层延迟设为参数，随机模型采用白噪声；浮点模糊度参数设为常量估计。在静态 PPP 中，将坐标参数设置为常量进行估计，动态 PPP 中，将其随机模型设置为白噪声。采用欧洲空间局提供的北斗卫星 PCO/PCV 改正产品，用于较正 B1/B2 频率的 PCO/PCV（Dilssner, et al., 2014）。B3 频率的 PCO/PCV 改正无法获得，暂时采用 B2 频率的 PCO/PCV 用于校正。其他误差，如天线相位缠绕、地球自转、地球固体潮、海洋潮等均采用模型改正。由于缺少陆态网测站的真实坐标，将 12 个测站上 GPS 双频静态 PPP 单天解的结果作为其真实坐标。

2.4.2 不同三频 PPP 模型定位精度分析

图 2-1 统计了五种 PPP 模型在 12 个测站上 E、N 和 U 方向上单天静态解定位偏差均值，五种 PPP 模型分别是 B1/B2 频率无电离层组合模型（用 IF-B1/B2 表示）、B1/B3 频率无电离层组合模型（用 IF-B1/B3 表示）、B1/B2+B1/B3 两个无电离层组合模型（用 IF-B1/B2+B1/B3 表示）、B1/B2/B3 频率无电离层组合模型（用 IF-B1/B2/B3 表示）以及 B1/B2/B3 频率非组合模型（用 UC-B1/B2/B3 表示）。表 2-1 统计了五种 PPP 模型单天静态解 E、N 和 U 方向上定位偏差 RMS。如图 2-1 所示，除少数测站外，三种三频 PPP 模型静态单天解 E 和 N 方向定位精度可达 1cm 以内，U 方向定位精度可达 2cm 以内。五种 PPP 模型中，在绝大多数测站上，IF-B1/B3 模型定位精度最差。各测站上三频 PPP 定位结果要优于 IF-B1/B2 和 IF-B1/B3 模型中的最差定位结果。值得注意的是，SXKL 测站上 IF-B1/B2 模型的定位精度明显差于其他四组 PPP 模型，经查证，该测站上利用 B1/B2 双频观测值探测周跳时，存在未被探测出的周跳，从而导致较大的定位误差，而利用 B1/B3 双频或者 B1/B2/B3 三频观测值探测周跳时，周跳均可完全被探测出。这也间接说明，相比双频观测值，利用三频观测值探测周跳更具优势。如表

2-1 所示，三种三频 PPP 模型定位精度基本相当，比双频 PPP 定位精度略高。三频 UC-B1/B2/B3 模型单天静态解定位误差 RMS 在 E、N 和 U 方向上分别为 0. 8cm、0. 5cm 和 1. 5cm，相比双频 IF-B1B2 模型，E、N 和 U 方向定位精度分别提高 38. 5%、28. 6%和 6. 3%。

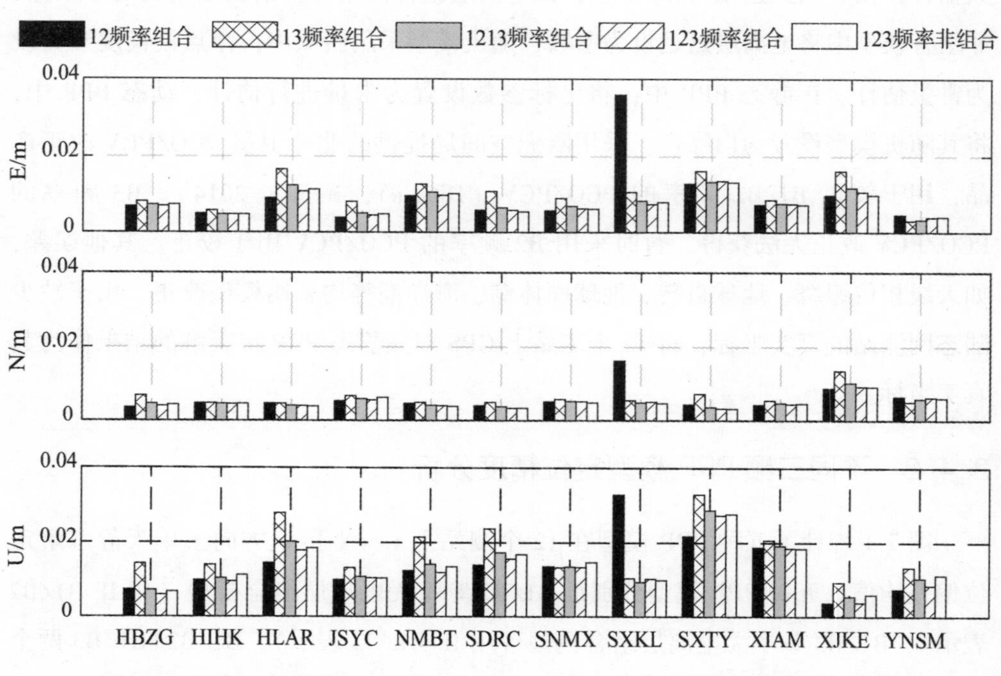

图 2-1　五种 PPP 模型 12 个测站 E、N 和 U 方向上单天静态解定位偏差均值

表 2-1　**五种 PPP 模型 E、N 和 U 方向上单天静态解定位偏差 RMS**（单位：m）

定位模型	E	N	U
IF-B1/B2	0. 013	0. 007	0. 016
IF-B1/B3	0. 011	0. 007	0. 019
IF-B1/B2+B1/B3	0. 009	0. 005	0. 015
IF-B1/B2/B3	0. 008	0. 005	0. 014
UC-B1/B2/B3	0. 008	0. 005	0. 015

图 2-2 统计了五种 PPP 模型 12 个测站 E、N 和 U 方向上单天动态解定位偏差

均值，表 2-2 统计了五种 PPP 模型单天动态解 E、N 和 U 方向上定位偏差 RMS。如图 2-2 所示，除少数测站外，三种三频 PPP 模型动态单天解 E 和 N 方向定位精度可达 4cm 以内，U 方向定位精度可达 6cm 以内。相比其他四种 PPP 定位模型，双频 IF-B1/B3 模型定位精度最差。如表 2-2 所示，三种三频 PPP 模型单天动态解定位误差 RMS 大致相当，但三频 UC-B1/B2/B3 模型定位精度略高，这可能是由于非组合模型采用原始观测值解算，相比组合观测值的测量噪声更低。UC-B1/B2/B3 模型单天动态解 E、N 和 U 方向上定位误差 RMS 分别为 1.5cm、1.5cm 和 3cm，相比 IF-B1B2 模型定位结果，三方向定位精度分别提高 11.8%、6.3%和 6.3%。

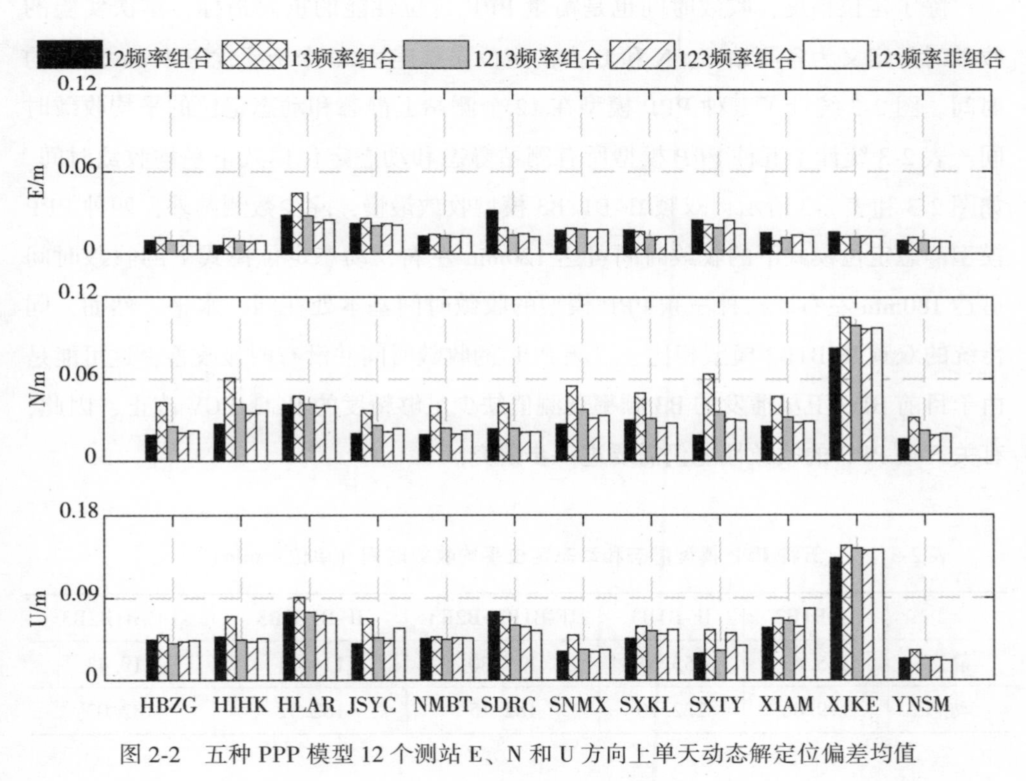

图 2-2　五种 PPP 模型 12 个测站 E、N 和 U 方向上单天动态解定位偏差均值

表 2-2　五种 PPP 模型 E、N 和 U 方向上单天动态解定位偏差 RMS（单位：m）

定位模型	E	N	U
IF-B1B2	0.017	0.016	0.032
IF-B1/B3	0.019	0.022	0.033

续表

定位模型	E	N	U
IF-B1/B2+B1/B3	0.016	0.016	0.031
IF-B1/B2/B3	0.016	0.016	0.031
UC-B1/B2/B3	0.015	0.015	0.030

2.4.3　不同三频 PPP 模型收敛时间分析

除了定位精度，收敛时间也是衡量 PPP 定位性能的重要指标，本次实验的收敛时间定义为各测站 E、N 和 U 方向定位误差连续 20 个历元优于 10cm 所需的时间。图 2-3 统计了五种 PPP 模型在 12 个测站上静态和动态定位的平均收敛时间。表 2-3 统计了五种 PPP 模型所有测站静态和动态定位模式下平均收敛时间。如图 2-3 和表 2-3 所示，双频 IF-B1/B3 模型收敛最慢，除少数测站外，四种 PPP 模型静态定位模式下的收敛时间可达 120min 左右，动态定位模式下的收敛时间可达 180min 左右。三种三频 PPP 模型的收敛时间基本处在同一水平。然而，同传统的双频 IF-B1B2 模型相比，三频 PPP 的收敛时间并没有明显改善，这可能是由于目前 BDS 卫星播发的 B3 频率观测值缺少足够精度的 PCO/PCV 改正，因此，有关三频 PPP 的收敛性能仍需要进一步研究。

表 2-3　　**五种 PPP 模型静态和动态定位平均收敛时间（单位：min）**

	IF-B1B2	IF-B1B3	IF-B1B2+B2B3	IF-B1B2B3	UC-B1B2B3
静态	115.67	155.55	117.80	114.71	119.43
动态	179.06	222.10	182.15	182.92	182.03

2.4.4　不同三频 PPP 模型比较与讨论

为方便比较，表 2-4 统计了五种 PPP 模型的特性，包括使用的观测值、近似的组合系数（e1、e2、e3）、电离层放大因子（Ion）、噪声水平（Noi）以及单站 PPP 解算时长（Time）。三频 IF-B1B2+B1B3 模型使用了两个双频无电离层组合

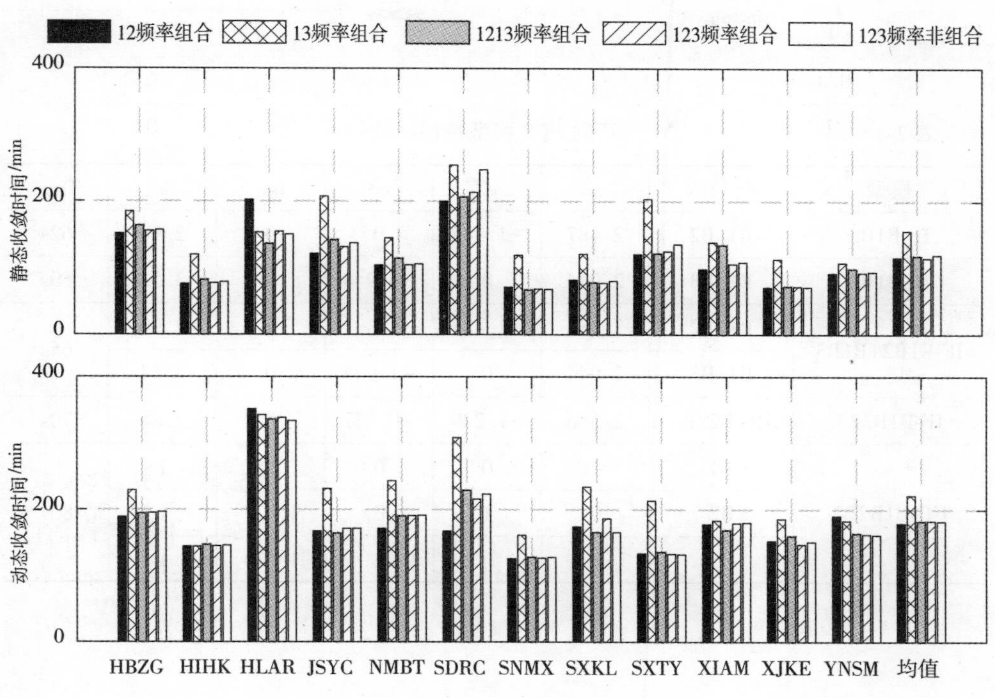

图 2-3　五种 PPP 模型 12 个测站静态和动态定位的平均收敛时间

观测值（B1/B2 和 B1/B3），这种构建三频 PPP 模型的方式和思路比较简单，容易实现，其本质还是双频无电离层组合的拓展，相比其他三频模型，其解算速度最快。但是这种加入第三频率观测值的方式却放大了观测噪声。三频 IF-B1B2B3 模型使用了一个噪声最小的观测值（B1/B2/B3），相比 IF-B1B2+B1B3 模型，该模型的噪声水平降低，并且无需考虑频间偏差的影响，但是该模型的拓展性最差，不能兼容两个频率组合，当观测值频率为 4 个或者 5 个时，组合系数又发生改变。三频 UC-B1B2B3 模型直接处理三个频率的原始观测值，充分保留了各类观测的信息，可对其施加合理的时空约束。另外，该模型的噪声水平最小，模型的可拓展性强，可以兼容多频多系统的数据处理。但是，由于三频 UC-B1B2B3 模型估计的参数过多，参数间的相关性更强，在定位的初始阶段，参数估值更易受观测方程病态性的影响，影响了数据解算时间，但对于快速发展的高性能计算机而言，数据处理速度，并不是制约其使用的问题。因此，总体而言，UC-

B1B2B3 模型更有利于多频多系统 GNSS 数据处理，可成为统一的 GNSS 数据处理模型。

表 2-4　　　　　　　　　　**不同 PPP 模型特性比较**

<table>
<tr><th>模型</th><th>观测值</th><th>e1</th><th>e2</th><th>e3</th><th>Ion</th><th>Noi</th><th>Time</th></tr>
<tr><td>IF-B1B2</td><td>B1/B2</td><td>2. 487</td><td>−1. 487</td><td>0</td><td>0</td><td>2. 90</td><td>62s</td></tr>
<tr><td>IF-B1B3</td><td>B1/B3</td><td>2. 944</td><td>0</td><td>−1. 944</td><td>0</td><td>3. 53</td><td>60s</td></tr>
<tr><td rowspan="2">IF-B1B2+B1B3</td><td>B1/B2</td><td>2. 487</td><td>−1. 487</td><td>0</td><td>0</td><td>2. 90</td><td rowspan="2">65s</td></tr>
<tr><td>B1/B3</td><td>2. 944</td><td>0</td><td>−1. 944</td><td>0</td><td>3. 53</td></tr>
<tr><td>IF-B1B2B3</td><td>B1/B2/B3</td><td>2. 566</td><td>−1. 229</td><td>−0. 337</td><td>0</td><td>2. 86</td><td>70s</td></tr>
<tr><td rowspan="3">UC-B1B2B3</td><td>B1</td><td>1</td><td>0</td><td>0</td><td>1</td><td>1</td><td rowspan="3">80s</td></tr>
<tr><td>B2</td><td>0</td><td>1</td><td>0</td><td>1. 672</td><td>1</td></tr>
<tr><td>B3</td><td>0</td><td>0</td><td>1</td><td>1. 514</td><td>1</td></tr>
</table>

2. 5　本章小结

本章主要介绍多频 PPP 浮点解数据处理的基本原理并研究其定位性能，为后续多频多模 PPP 固定解的研究提供理论基础，具体内容包括以下几个方面：第一，从 GNSS 原始频率伪距和载波相位观测方程出发总结了目前常用的三种三频/多频 PPP 函数模型和随机模型，包括三频非组合模型、两个双频无电离层组合模型和三频无电离层组合模型；第二，将 PPP 数据处理中的主要误差源按与频率有关和与频率无关进行分类，并对各类误差做简要介绍；第三，对经典的 TurboEdit 方法进行拓展，使其能够兼容三频观测值的周跳探测，同时介绍 PPP 中常用的序贯最小二乘参数估计方法；第四，利用 BDS 三频观测值比较和研究三种三频 PPP 模型的定位性能，研究表明，非组合模型的各种特性更适合于多频多系统 GNSS 数据处理，可成为统一 GNSS 数据处理模型。

第3章　多频 GNSS 原始频率卫星相位偏差估计方法

卫星相位偏差（UPD）改正是实现 PPP 模糊度固定的前提条件，而多频非组合 PPP 估计的每个频率上的浮点模糊度需要改正每个频率上的原始频率卫星相位偏差，才能恢复模糊度整数特性，进而实现多频非组合 PPP 模糊度固定。因此，本章研究多频 GNSS 原始频率卫星相位偏差的估计方法。

3.1　引言

实现多频非组合 PPP 模糊度固定的前提是精确改正每个频率上浮点模糊度的卫星相位偏差，因此，高效准确地估计原始频率卫星相位是非组合 PPP 模糊度固定的关键。传统的 UPD 估计方法通常是基于无电离层组合模型，解算出宽巷和窄巷 UPD，进而可以实现无电离层组合 PPP 模糊度固定（Ge et al.，2008）。若要实现非组合 PPP 模糊度固定，则需要将宽巷和窄巷 UPD 转换为原始频率 UPD（李星星，2013）。然而，利用传统的宽巷和窄巷 UPD，实现非组合 PPP 模糊度固定是极为不便的，因为若以这种方式，服务端和用户端则需要两套不同的 PPP 模型，此外，若拓展到多频率多系统 PPP 模糊固定，服务端和用户端都需要相应的更新，不利于多频多系统 GNSS 统一数据处理。因此，许多学者开始致力于研究基于非组合 PPP 模型的 UPD 估计方法。

Odijk 等构建了满秩的非差非组合 GNSS 模型直接估计每个频率上的 UPD，而后又指出这种方法估计的原始 UPD 精度要比宽巷 UPD 精度低（Odijk et al.，2016；Odijk et al.，2017）。实际上，利用原始频率模糊度直接估计原始频率 UPD 精度低是由于不同频率模糊度之间存在高度的相关性（Li et al.，2018）。也就是说，在估计 L1 频率 UPD 时会受到其他频率模糊度的影响。因此，如何在估计原始频率 UPD 过程中，尽可能避免不同频率模糊度之间的相关性影响，将是本章研究的重点。为此，首先，总结传统的多频 UPD 估计方法，包括基于无电离层组合 PPP 模型和非组合 PPP 模型的三频 UPD 估计方法，并对其展开分析和讨论；然后，提出基于非组合 PPP 模型的多频原始 UPD 估计新方法；最后，用本章提出的新方法和传统方法估计出三频原始 UPD，进行 BDS 三频 PPP 固定解对比，验证本章提出的方法。

3.2 传统多频 UPD 估计方法

本小节总结并讨论传统的多频 UPD 估计方法，包括无电离层组合 PPP 模型和非组合 PPP 模型的三频 UPD 估计方法。

3.2.1 基于无电离层组合 PPP 模型的三频 UPD 估计

基于无电离层组合 PPP 模型双频 UPD 估计通常是估计宽巷和窄巷 UPD，而三频 UPD 估计通常是估计超宽巷、宽巷和窄巷 UPD。基于第 2 章给出的无电离层组合 PPP 模型可知，无电离层组合模糊度不具有整数特性，不能直接估计无电离层组合 UPD，通常会将无电离层组合模糊度拆分为宽巷和窄巷模糊度，其表达式如下：

$$N_{i,\ IF}^{j} = \frac{f_1 f_2}{f_1^2 - f_2^2} N_{i,\ WL}^{j} + \frac{f_1}{f_1 + f_2} N_{i,\ NL}^{j} \tag{3.1}$$

式中，i 和 j 分别表示测站和卫星编号；$N_{i,\ IF}^{j}$ 表示无电离层组合模糊度；$N_{i,\ WL}^{j}$ 表示宽巷模糊度；$N_{i,\ NL}^{j}$ 表示窄巷模糊度。

超宽巷、宽巷和窄巷 UPD 的估计通常基于超宽巷、宽巷和窄巷浮点模糊度，其关系均可如下表达（Li et al.，2016）：

$$R_r^s = N_r^s - [N_r^s] = - b^s + b_r \tag{3.2}$$

式中，b^s 表示卫星 UPD；b_r 表示接收机 UPD；N_r^s 表示浮点模糊度；$[N_r^s]$ 表示浮点模糊度取整；R_r^s 表示卫星和接收机 UPD 的组合值。在进行 UPD 估计时，先估计超宽巷、宽巷 UPD，再估计窄巷 UPD。第一步，利用 HMW 组合估计出超宽巷、宽巷浮点模糊度（Hatch，1982；Melbourne，1985；Wübbena，1985），然后通过网解估计出超宽巷、宽巷 UPD（Li，Zhang，2012；Li et al.，2016；Laurichesse，Banville，2018）；第二步，对网解中的所有测站进行 PPP 解算求出无电离层组合浮点模糊度，与此同时，已估计出的宽巷 UPD 改正到每个测站的宽巷浮点模糊度上并取整得到宽巷整数模糊度；第三步，利用宽巷整数模糊度和无电离层组合浮点模糊度求解出各测站的窄巷浮点模糊度；第四步，类似于估计宽巷 UPD 的过程，网解估计出窄巷 UPD。至此，完成超宽巷、宽巷和窄巷 UPD 估计。

3.2.2 基于非组合 PPP 模型的三频 UPD 估计

基于以上讨论，通过非组合 PPP 解算，可以直接估计出每个频率的浮点模糊度。然而，这些原始频率浮点模糊度精度相对较低，通常不会直接用于估计每个频率的 UPD（辜声峰，2013）。为提高原始频率 UPD 估计的精度，一般会将原始频率模糊度形成模糊度线性组合，然后估计模糊度线性组合的 UPD，最后再将不同频率线性组合的 UPD 恢复成原始频率 UPD（Li，et al.，2018；Liu et al.，2019b）。线性组合的主要目的是使浮点模糊度线性组合具有长波长、低噪声、弱电离层和整数等特性（Feng，et al.，2008；Cocard，et al.，2008；张小红等，2015），用以提高模糊度精度、削弱残余误差对模糊度的影响并保证整数模糊度的特性等。例如，通常情况下，三个浮点模糊度线性组合会选为具有长波长特性的超宽巷组合、宽巷组合和具有最小噪声的 L1 组合，则相应的表达式如下（Gu，et al.，2015）：

$$\begin{pmatrix} \overline{N}_{r,\ EWL}^{s} \\ \overline{N}_{r,\ WL}^{s} \\ \overline{N}_{r,\ L1}^{s} \end{pmatrix} = \boldsymbol{Z}_{EWL-WL-L_1} \cdot \begin{pmatrix} \overline{N}_{r,\ 1}^{s} \\ \overline{N}_{r,\ 2}^{s} \\ \overline{N}_{r,\ 3}^{s} \end{pmatrix} = \begin{pmatrix} 0 & 1 & -1 \\ 1 & -1 & 0 \\ 1 & 0 & 0 \end{pmatrix} \begin{pmatrix} \overline{N}_{r,\ 1}^{s} \\ \overline{N}_{r,\ 2}^{s} \\ \overline{N}_{r,\ 3}^{s} \end{pmatrix} \tag{3.3}$$

式中，$\overline{N}_{r,\ 1}^{s}$、$\overline{N}_{r,\ 2}^{s}$ 和 $\overline{N}_{r,\ 3}^{s}$ 表示非组合 PPP 估计出的三个频率上的原始频率浮点模糊度；$\overline{N}_{r,\ EWL}^{s}$、$\overline{N}_{r,\ WL}^{s}$ 和 $\overline{N}_{r,\ L1}^{s}$ 分别表示超宽巷浮点模糊度、宽巷浮点模糊度和 L1 浮点模糊度；$Z_{EWL-WL-L_1}$ 表示转换矩阵。估计三频 UPD 时，分别利用转后的超宽巷浮点模糊度、宽巷浮点模糊度和 L1 浮点模糊度估计出超宽巷 UPD、宽巷

UPD和L1 UPD。然而，值得注意的是，相比原始频率模糊度，虽然上述模糊度线性组合的精度得以提高，但并不是最佳的组合。因为，非组合模糊度最大的问题在于不同频率模糊度具有高度的相关性，而超宽巷、宽巷和L1线性组合不能够最大限度地降低模糊度之间的相关性（Teunissen，1997；Teunissen et al.，2002）。

3.3 多频原始频率UPD估计新方法

本小节提出利用最大降相关模糊度组合估计原始频率UPD的方法。首先，分析三频非组合浮点模糊度之间的相关性；然后，利用LAMBDA *Z* 变换降相关法（Teunissen，1995）构造出三频非组合模糊度的最大降相关组合；最后，研究并讨论基于最大降相关模糊度线性组合的原始频率UPD估计方法。

3.3.1 三频非组合模糊度相关性分析

基于第2章2.4节BDS三频非组合PPP浮点解的结果，分别统计了HBZG测站上GEO、IGSO和MEO卫星三频浮点模糊度之间的相关系数，如图3-1所示，GEO和IGSO卫星B1B2和B1B3浮点模糊度之间的相关系数在0.998~0.999之间，而MEO卫星B1B2和B1B3浮点模糊度之间的相关系数在0.995左右，其相关性比GEO和IGSO卫星的三频模糊度之间的相关性略低，主要是因为相比地球同步的GEO和IGSO卫星，快速运动的MEO卫星的几何强度和观测值质量相对更高。然而，无论是GEO或IGSO卫星，还是MEO卫星，其三频非组合浮点模糊度之间均高度相关，我们认为，非组合模糊度高度相关主要是因为非组合PPP函数模型在参数化的过程中所导致的，非组合模糊度之间高度相关也正是原始频率浮点模糊度不能直接用于估计原始频率UPD的主要原因之一。因此，在选择线性组合模糊度时，应尽可能使三组线性组合模糊度保持相互独立。

3.3.2 *Z* 变换与模糊度最大降相关组合

基于以上讨论，三频原始频率UPD估计的关键是要寻找到模糊度线性组

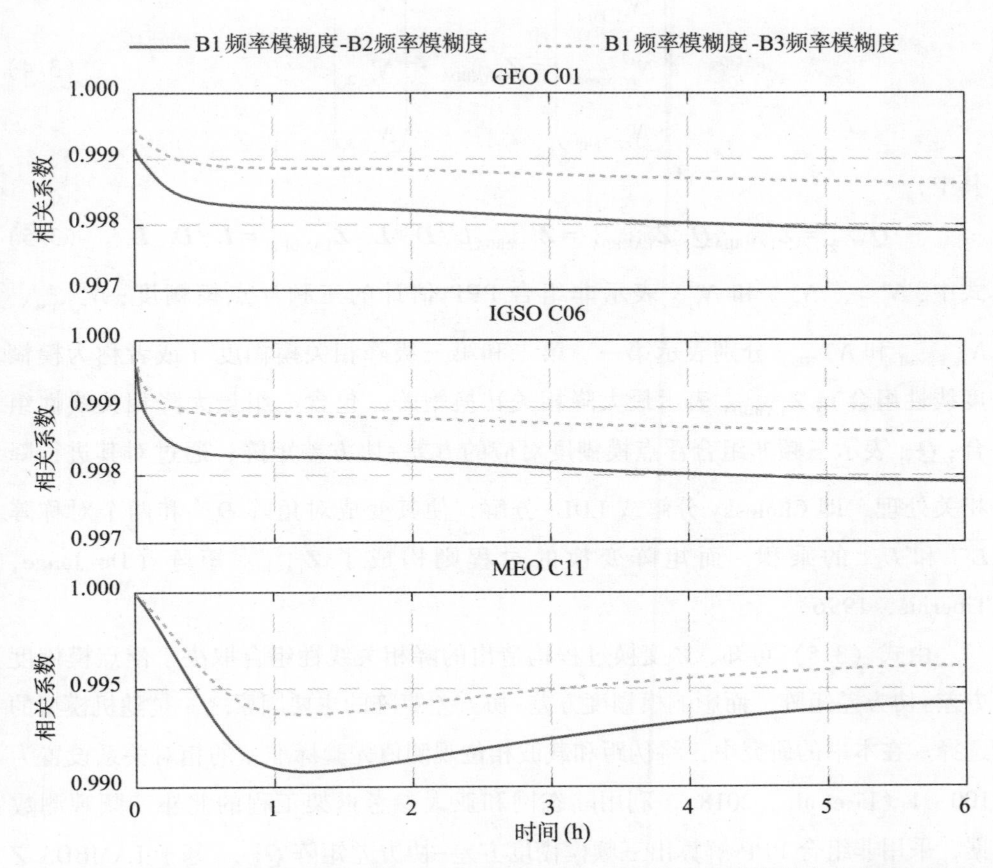

图 3-1 HBZG 测站 BDS 三频非组合 PPP GEO/IGSO/MEO 卫星三频模糊度之间的相关系数

合，使得三频非组合浮点模糊度之间最大限度地降低相关性。当前，一种比较有效的手段是利用 LAMBDA 算法中的 Z 变换过程构造出最大降相关组合。采用 Z 变换构造出的线性组合与传统组合的主要区别在于：传统的组合通常是基于预定义的条件而选择出的组合，如最小噪声、最长波长等；而 Z 变换构造出的组合是基于模糊度方差-协方差矩阵（Teunissen，1997；Teunissen et al.，2002）。从理论上讲，Z 变换构造出的模糊度线性组合具有更好的降相关特性以及更高的精度（O'Keefe et al.，2009）。基于 Z 变换的最大降相关模糊度线性组合可表达如下：

$$\begin{pmatrix} \overline{N}^s_{r,\text{ First}} \\ \overline{N}^s_{r,\text{ Second}} \\ \overline{N}^s_{r,\text{ Third}} \end{pmatrix} = \boldsymbol{Z}_{\text{LAMBDA}} \cdot \begin{pmatrix} \overline{N}^s_{r,\ 1} \\ \overline{N}^s_{r,\ 2} \\ \overline{N}^s_{r,\ 3} \end{pmatrix} \tag{3.4}$$

其中，

$$\boldsymbol{Q}_{\overline{N}^s_r,\ Z} = \boldsymbol{Z}^{\text{T}}_{\text{LAMBDA}} \boldsymbol{Q}_{\overline{N}^s_r} \boldsymbol{Z}_{\text{LAMBDA}} = \boldsymbol{Z}^{\text{T}}_{\text{LAMBDA}} L^{-\text{T}} \boldsymbol{D}^{-1} \boldsymbol{L}^{-1} \boldsymbol{Z}_{\text{LAMBDA}} = \overline{\boldsymbol{L}}^{-\text{T}} \overline{\boldsymbol{D}}^{-1} \overline{\boldsymbol{L}}^{-1} \tag{3.5}$$

式中，$\overline{N}^s_{r,\ 1}$、$\overline{N}^s_{r,\ 2}$ 和 $\overline{N}^s_{r,\ 3}$ 表示非组合 PPP 估计的三频浮点模糊度；$\overline{N}^s_{r,\text{ First}}$、$\overline{N}^s_{r,\text{ Second}}$ 和 $\overline{N}^s_{r,\text{ Third}}$ 分别表示第一、第二和第三级降相关模糊度（或者称为模糊度线性组合）；$\boldsymbol{Z}_{\text{LAMBDA}}$ 表示最大降相关转换矩阵，包含三组最大降相关线性组合；$\boldsymbol{Q}_{\overline{N}^s_r}$ 表示三频非组合浮点模糊度对应的方差-协方差矩阵；通过对其进行降相关处理，即 Cholesky 分解或 LDL-分解，使其变成对角阵 $\overline{\boldsymbol{D}}^{-1}$ 和两个对称阵 $\overline{\boldsymbol{L}}^{-\text{T}}$ 和 $\overline{\boldsymbol{L}}^{-1}$ 的乘积，而矩阵变换的过程则构成了 $\boldsymbol{Z}_{\text{LAMBDA}}$ 矩阵（De Jonge，Tiberius，1996）。

由式（3.5）可知，Z 变换过程构造出的降相关线性组合取决于浮点模糊度方差-协方差矩阵，而影响模糊度方差-协方差矩阵的主要因素之一是随机模型的选择。在本书的研究中，将伪距和载波相位观测值先验标准差的相对关系设置为 100∶1（Li et al.，2018）。利用陆态网和亚太参考框架工程的北斗三频观测数据，采用非组合 PPP 解算出三频模糊度方差-协方差矩阵 $\boldsymbol{Q}_{\overline{N}^s_r}$，基于 LAMBDA Z 变换，统计出第一、第二和第三级降相关模糊度线性组合的结果，如图 3-2 所示。第一、第二和第三级组合定义的标准是对应的组合模糊度具有最小、第二小和第三小标准差。如图 3-2 所示，第一级组合中，（0，1，−1）组合出现的频率最高，约为 87%；第二级组合中，（1，3，−4）组合出现的频率最高，约为 86.6%；第三级组合中，（−31，−131，163）组合出现的频率最高，约为 17%。实际上，解算的过程中，由于卫星接收机几何构型的不断变化，三频模糊度的方差-斜方差矩阵在不断变化，从而会导致三组降相关组合也发生变化。然而，在本次研究中，为了便于比较最大降相关组合和传统的预定义组合的特性以及估计原始频率 UPD 的效果，将第一、第二和第三级线性组合中出现频数最高的组合近似地作为最大降相关组合。因此，基于最高频率原则并结合式（3.5），最大降相关模糊度和 $\boldsymbol{Z}_{\text{LAMBDA}}$ 矩阵可具体表达为：

$$\begin{pmatrix} \overline{N}^s_{r,\ \text{First}} \\ \overline{N}^s_{r,\ \text{Second}} \\ \overline{N}^s_{r,\ \text{Third}} \end{pmatrix} = \mathbf{Z}_{\text{LAMBDA}} \cdot \begin{pmatrix} \overline{N}^s_{r,\ 1} \\ \overline{N}^s_{r,\ 2} \\ \overline{N}^s_{r,\ 3} \end{pmatrix} = \begin{pmatrix} 0 & 1 & -1 \\ 1 & 3 & -4 \\ -31 & -131 & 163 \end{pmatrix} \cdot \begin{pmatrix} \overline{N}^s_{r,\ 1} \\ \overline{N}^s_{r,\ 2} \\ \overline{N}^s_{r,\ 3} \end{pmatrix} \tag{3.6}$$

式中，$\overline{N}^s_{r,\ \text{First}}$、$\overline{N}^s_{r,\ \text{Second}}$ 和 $\overline{N}^s_{r,\ \text{Third}}$ 分别表示第一、第二和第三级最大降相关模糊度。

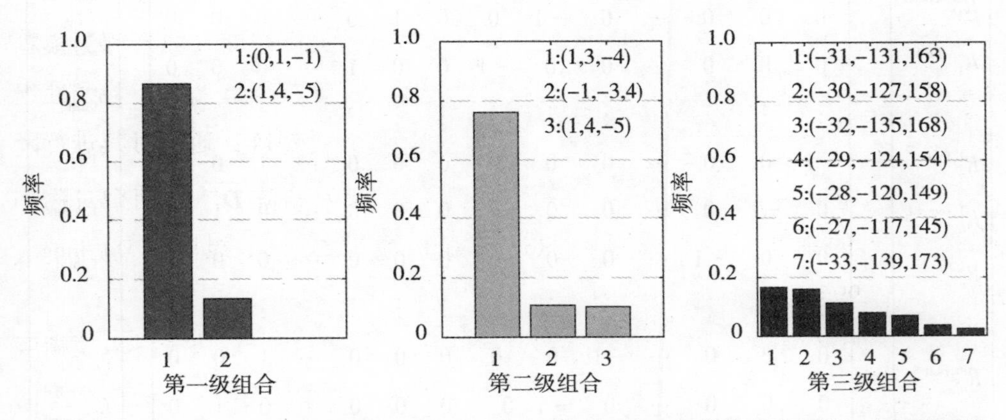

图 3-2 基于 LAMBDA 降相关过程构造出的第一、第二和第三级模糊度降相关组合及其频率

3.3.3 基于最大降相关组合的三频原始 UPD 估计方法

根据式（3.6）得到三频降相关模糊度后，首先估计降相关 UPD，然后将降相关 UPD 转换为原始频率 UPD，类似于式（3.2），降相关 UPD 观测方程可表示如下：

$$R^{s,\ n}_r = \overline{N}^s_{r,\ n} - [\overline{N}^s_{r,\ n}] = -\overline{b}^s_n + \overline{b}_{r,\ n} \tag{3.7}$$

式中，n 表示第一、第二和第三级组合；$\overline{N}^s_{r,\ n}$ 表示式（3.6）中的降相关浮点模糊度；$[\overline{N}^s_{r,\ n}]$ 表示与 $\overline{N}^s_{r,\ n}$ 最接近的整数模糊度，包含了降相关整数模糊度以及降相关 UPD 的整数部分；$\overline{b}_{r,\ n}$ 表示降相关接收机 UPD 的小数部分；$\overline{b}^s_n$ 表示降相关卫星 UPD 的小数部分；$R^{s,\ n}_r$ 表示降相关浮点模糊度的小数部分。

假设网中 n 个测站同时可观测 m 颗卫星，则每个历元的降相关三频 UPD 观测方程可进一步表达为：

$$\begin{bmatrix} R_1^{1,\mathrm{first}} \\ R_1^{1,\mathrm{second}} \\ R_1^{1,\mathrm{third}} \\ \vdots \\ R_1^{m,\mathrm{first}} \\ R_1^{m,\mathrm{second}} \\ R_1^{m,\mathrm{third}} \\ \vdots \\ R_n^{1,\mathrm{first}} \\ R_n^{1,\mathrm{second}} \\ R_n^{1,\mathrm{third}} \\ \vdots \\ R_n^{m,\mathrm{first}} \\ R_n^{m,\mathrm{second}} \\ R_n^{m,third} \end{bmatrix} = \begin{bmatrix} -1 & 0 & 0 & \cdots & 0 & 0 & 0 & 1 & 0 & 0 & \cdots & 0 & 0 & 0 \\ 0 & -1 & 0 & \cdots & 0 & 0 & 0 & 0 & 1 & 0 & \cdots & 0 & 0 & 0 \\ 0 & 0 & -1 & \cdots & 0 & 0 & 0 & 0 & 0 & 1 & \cdots & 0 & 0 & 0 \\ \vdots & \vdots & \vdots & & \vdots & \vdots & \vdots & \vdots & \vdots & \vdots & & \vdots & \vdots & \vdots \\ 0 & 0 & 0 & \cdots & -1 & 0 & 0 & 1 & 0 & 0 & \cdots & 0 & 0 & 0 \\ 0 & 0 & 0 & \cdots & 0 & -1 & 0 & 0 & 1 & 0 & \cdots & 0 & 0 & 0 \\ 0 & 0 & 0 & \cdots & 0 & 0 & -1 & 0 & 0 & 1 & \cdots & 0 & 0 & 0 \\ \vdots & \vdots & \vdots & & \vdots & \vdots & \vdots & \vdots & \vdots & \vdots & & \vdots & \vdots & \vdots \\ -1 & 0 & 0 & \cdots & 0 & 0 & 0 & 0 & 0 & 0 & \cdots & 1 & 0 & 0 \\ 0 & -1 & 0 & \cdots & 0 & 0 & 0 & 0 & 0 & 0 & \cdots & 0 & 1 & 0 \\ 0 & 0 & -1 & \cdots & 0 & 0 & 0 & 0 & 0 & 0 & \cdots & 0 & 0 & 1 \\ \vdots & \vdots & \vdots & & \vdots & \vdots & \vdots & \vdots & \vdots & \vdots & & \vdots & \vdots & \vdots \\ 0 & 0 & 0 & \cdots & -1 & 0 & 0 & 0 & 0 & 0 & \cdots & 1 & 0 & 0 \\ 0 & 0 & 0 & \cdots & 0 & -1 & 0 & 0 & 0 & 0 & \cdots & 0 & 1 & 0 \\ 0 & 0 & 0 & \cdots & 0 & 0 & -1 & 0 & 0 & 0 & \cdots & 0 & 0 & 1 \end{bmatrix} \cdot \begin{bmatrix} b_{\mathrm{first}}^1 \\ b_{\mathrm{second}}^1 \\ b_{\mathrm{third}}^1 \\ \vdots \\ b_{\mathrm{first}}^m \\ b_{\mathrm{second}}^m \\ b_{\mathrm{third}}^m \\ b_{1,\mathrm{first}} \\ b_{1,\mathrm{second}} \\ b_{1,\mathrm{third}} \\ \vdots \\ b_{n,\mathrm{first}} \\ b_{n,\mathrm{second}} \\ b_{n,\mathrm{third}} \end{bmatrix} \tag{3.8}$$

其中，

$$0 = b_j^s,\ j = (\mathrm{first},\ \mathrm{second},\ \mathrm{third}) \tag{3.9}$$

式中，$R_n^{m,\ \mathrm{first}}$、$R_n^{m,\ \mathrm{second}}$ 和 $R_n^{m,\ \mathrm{third}}$ 分别表示第一、第二和第三级降相关模糊度的小数部分；b_{first}^m、b_{second}^m 和 b_{third}^m 分别表示第一、第二和第三级降相关卫星 UPD 的小数部分；$b_{n,\ \mathrm{first}}$、$b_{n,\ \mathrm{second}}$ 和 $b_{n,\ \mathrm{third}}$ 分别表示第一、第二和第三级降相关接收机 UPD 的小数部分。在式（3.9）中，选择某颗被观测最多次的卫星，将三个级别的降相关卫星 UPD 固定为 0 值，并作为约束条件，用以消除式（3.8）的秩亏性。

在降相关 UPD 估计的过程中，采用静态滤波的方式同时估计卫星和接收机 UPD，不同于整体最小二乘估计法保留所有测站的法方程，静态滤波不保留法方程，只是不断地更新待估参数，这样做的好处是使计算效率更高（Xiao et al.，

2018)。输入的降相关模糊度的权采用对应的方差的倒数，在得到降相关卫星 UPD 后，可直接恢复成三个频率上的原始频率 UPD，其表达式如下：

$$\begin{bmatrix} b_1^m \\ b_2^m \\ b_3^m \end{bmatrix} = \boldsymbol{Z}_{\mathrm{LAMBDA}}^{-1} \begin{bmatrix} b_{\mathrm{first}}^m \\ b_{\mathrm{second}}^m \\ b_{\mathrm{third}}^m \end{bmatrix} \tag{3.10}$$

式中，b_1^m、b_2^m 和 b_3^m 分别表示 B1、B2 和 B3 频率上（以北斗卫星为例）的非组合形式的原始频率 UPD；$\boldsymbol{Z}_{\mathrm{LAMBDA}}^{-1}$ 是 $\boldsymbol{Z}_{\mathrm{LAMBDA}}$ 矩阵的逆。

3.4 BDS 卫星三频 UPD 产品质量分析

本小节将验证新方法估计原始频率 UPD 的正确性和优势。首先，利用模糊度最大降相关组合和传统的模糊度组合（超宽巷、宽巷和 L1）同时估计对应的组合 UPD；然后，分析并比较基于这两类组合获取的 UPD 产品的特性，主要包括：模糊度线性组合的标准差、UPD 产品的时间稳定性和 UPD 估值的验后残差；最后，将这两组组合的 UPD 分别转换成对应的原始频率 UPD，并实现 BDS 三频非组合 PPP 固定解，根据两组 PPP 固定解的定位表现来进一步评价两种方法估计的 UPD 产品质量。

3.4.1 实验数据与数据处理策略

本次实验采用 2016 年 1 月 26 日至 2 月 2 日 BDS-2 三频观测数据用于三频原始频率 UPD 估计及三频 PPP 固定解测试。为保证解算的结果相对可靠，选择至少能同时观测 5 颗以上卫星的测站，因此，实验选择了 34 个主要分布在亚太地区的测站，这些测站来源于陆态网和亚太参考框架工程，数据采用率为 30s，如图 3-3 所示。这些测站中，标记为红色的测站作为服务端用于估计原始频率 UPD，标记为蓝色的测站作为用户端用于实现三频 PPP 固定解，以进一步验证和评价服务端估计的原始频率 UPD。PPP 固定解使用由 GFZ 提供的采样率分别为 5min 和 30s 的北斗精密轨道和钟差产品（Deng et al.，2014），同时采用欧洲空间局提供的北斗卫星 PCO/PCV 改正产品，用于较正 B1/B2 频率的 PCO/PCV（Dilssner et al.，2014）。目前，B3 频率的 PCO/PCV 改正无法获得，暂时采用 B2 频率的 PCO/PCV 用于校正。BDS PPP 更详细的处理策略见表 3-1。值得注意的是，在本次实验中，BDS 三频 PPP 固定解基于两类 UPD 产品实现，一类是利用传统的模糊度线性组合估计原始频率 UPD，基于这类 UPD 产品的 PPP 固定解在后文中称其为"Fix One"；另一类是利用最大降相关模糊度组合估计的原始频率 UPD，基于这类 UPD 产品的 PPP 固定解在后文中称其为"Fix Two"；三频 PPP 浮点解在后文中称为"Float"。

表 3-1　**BDS PPP 处理策略**

项目	策　略
估计器	序贯最小二乘
观测值	原始频率伪距和相位观测值
频率	BDS：B1/B2/B3
数据采用率	30s
截止高度角	15°
观测值权	高度角加权
电离层延迟	参数估计（随机游走）
对流层延迟	干分量：Saastamoinen 模型改正（Saastamoinen，1972）
	湿分量：参数估计（随机游走），GMF 投影函数
接收机钟差	参数估计（白噪声）
测站位移	IERS 2010 协议改正，包括：固体潮、极潮和海潮（Petit，Luzum，2010）
卫星 PCO/PCV	ESA 天线改正文件
接收机 PCO/PCV	ESA 天线改正文件：GPS 值
相位缠绕偏差	模型改正（Wu et al.，1993）
相对论效应	模型改正
测站坐标	静态 PPP：参数估计（常量）

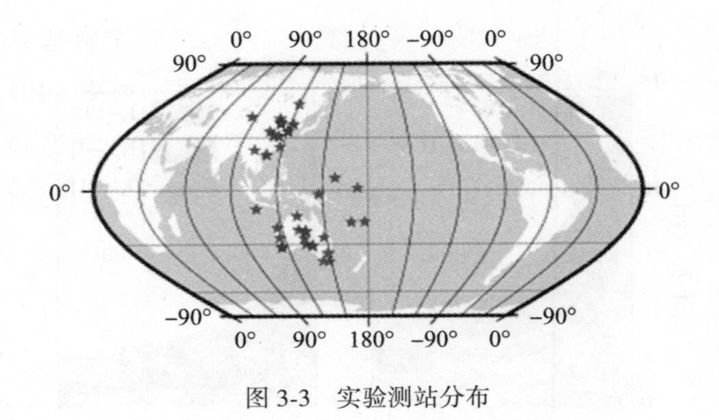

图 3-3 实验测站分布

3.4.2 模糊度线性组合精度分析

如前所述，原始频率 UPD 是基于组合 UPD 转换而来的，而组合的 UPD 是基于模糊度最大降相关组合或传统线性组合构造出的模糊度线性组合来估计的。因此，模糊度线性组合的精度也影响着原始频率 UPD 的精度。通常情况下，采用模糊度估值对应的标准差来衡量其精度。根据误差传播定律，可以得到模糊度线性组合的标准差。图 3-4 统计了前 100 历元 5 组模糊度线性组合的标准差。如图 3-4 所示，标准差最小的是组合系数为［0，1，−1］的模糊度线性组合，该组合既可以从传统的线性组合分类体系中找出，又能从 LAMBDA *Z* 变换中搜索到。模糊度线性组合标准差第二小的是由 LAMBDA *Z* 变换中搜索到的［1，3，−4］组合，而不是传统的［1，−1，0］宽巷组合。虽然，LAMBDA *Z* 变换中搜索到第三级组合［−31，−131，163］，其对应的模糊度线性组合的标准差较大，但其仍小于传统组合体系中的 L1 模糊度线性组合的标准差。

［−31，−131，163］为 *Z* 变换构造的第三级组合中的最可能组合，为比较第三级组合中最可能组合和其他组合的差异，图 3-5 统计了第三级组合中其他 6 组模糊度线性组合前 100 历元标准差。如图 3-5 所示，这 7 组组合的组合系数虽然略有不同，但对应的 7 组模糊度线性组合的标准差的结果比较接近，即这 7 组组合的降相关效果是相近的。

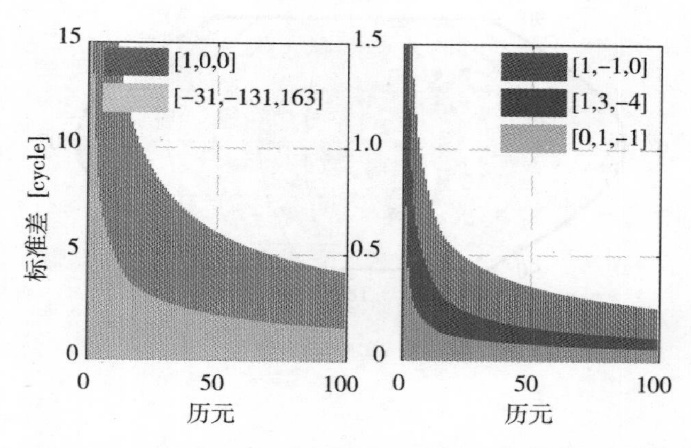

（其中 [0, 1, -1]、[1, 3, -4] 和 [-31, -131, 163] 为模糊度最大降相关组合；[0, 1, -1]、[1, -1 0] 和 [1, 0, 0] 分别为传统的超宽巷、宽巷和 L1 组合）

图 3-4　2016 年 026 天前 100 历元模糊度线性组合标准差

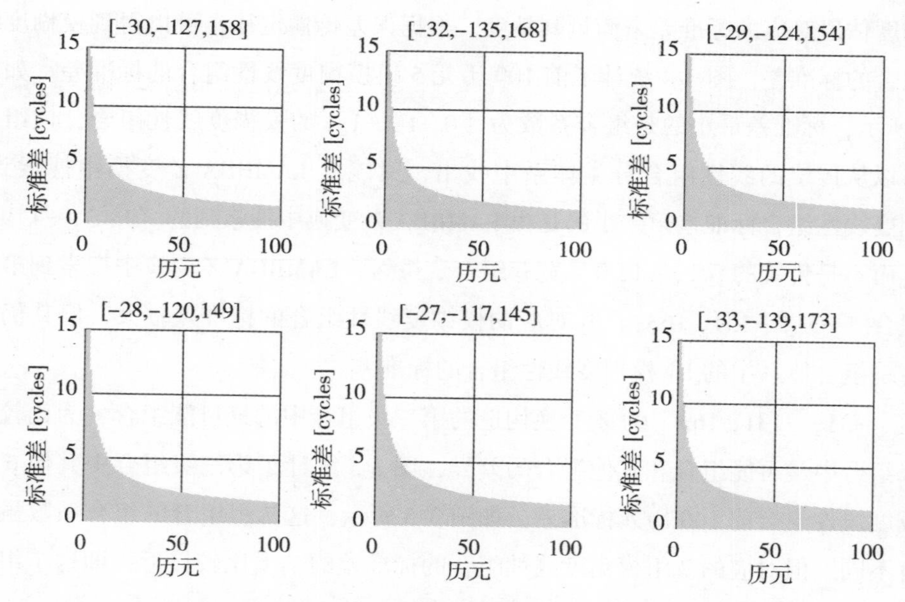

图 3-5　LAMBDA Z 变换构造出的第三级模糊度线性组合前 100 历元标准差

3.4.3 UPD 时间稳定性分析

原始频率 UPD 的时间稳定性取决于对应的组合 UPD 时间稳定性，因此，本小节研究和比较最大降相关组合 UPD 和传统组合 UPD 的时间稳定性，并确定服务端 UPD 播发的时间采样率。在本研究中，服务端 UPD 更新播发的时间定义为 UPD 估值的变化超过 0.1 周所用的时间。图 3-6 展示了两类组合 UPD 在 2016 年 026 天的时间序列，图中左侧为传统组合 UPD，右侧为最大降相关组合 UPD。如图 3-6 所示，传统的 EWL 模糊度线性组合和最大降相关第一级组合均能估计出［0，1，-1］组合 UPD，相比其他组合 UPD，该组合 UPD 最稳定，日平均变化约为 0.062 周。因此，［0，1，-1］组合 UPD 更新播发的时间可设置为 24h。［0，1，-1］组合 UPD 稳定的主要原因在于，其对应的模糊度线性组合的波长较长，而且可以消除几何距离误差和大气延迟误差。同［1，-1，0］组合 UPD 相比，［1，3，-4］组合 UPD 具有更优的时间稳定性，统计结果显示，该组合 UPD 在 12h 内的平均变化约为 0.082 周，因此，［1，3，-4］组合 UPD 更新播发的时间可设置为 12h。虽然［1，0，0］和［-31，-131，163］组合 UPD 不稳定，但[-31，-131，163］组合 UPD 在 10 个历元的时间间隔内平均变化仍可达到 0.095 周，可将其更新播发的时间设为 5min。[1，0，0］和［-31，-131，163］组合 UPD 不稳定的主要原因是，它们对应的模糊度线性组合受到几何距离误差和大气误差的影响。然而，相比［1，0，0］组合 UPD，［-31，-131，163］组合 UPD 更稳定，主要是因为［-31，-131，163］模糊度线性组合的降相关性能更优并且具有更长的波长。图 3-7 展示了 LAMBDA *Z* 变换构造的第三级组合中除去［-31，-131，163］最可能组合，其他 6 组模糊度线性组合估计的 UPD 时间序列。如图 3-7 所示，这 6 组 UPD 的时间稳定性基本相近，并且同［-31，-131，163］组合 UPD 的时间稳定性也相近。

3.4.4 UPD 估值验后残差分析

UPD 估值的验后残差通常用来评估其内符合精度。图 3-8 展示了传统组合 UPD 和最大降相关组合 UPD 估值的验后残差频率分布。如图 3-8 所示，［0，1，

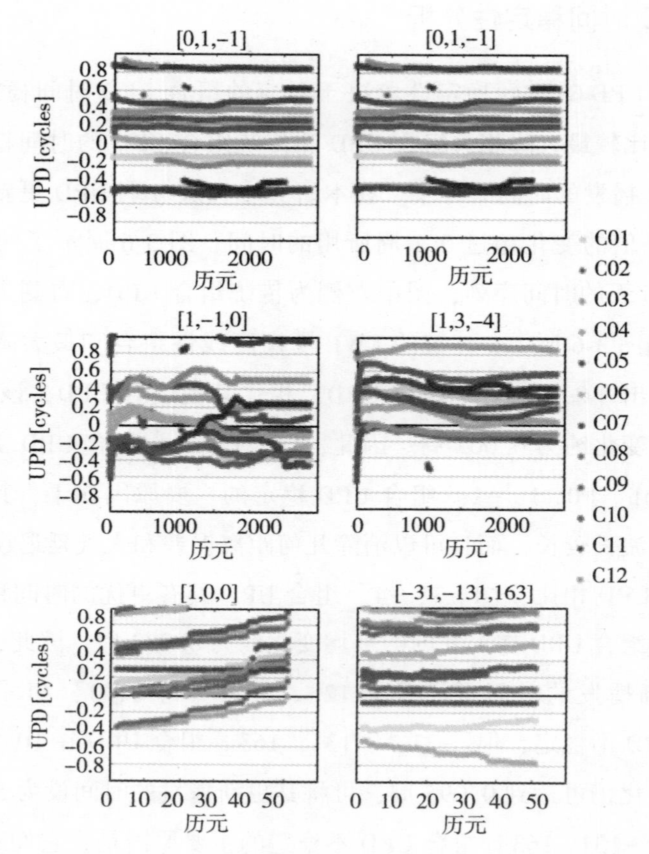

（其中子图［0，1，-1］、［1，3，-4］和［-31，-131，163］为最大降相关组合UPD；子图［0，1，-1］、［1，-1，0］和［1，0，0］分别为传统的超宽巷、宽巷和L1组合UPD）

图3-6　2016年026天组合UPD时间序列（2）

-1］组合UPD内符合精度最高，验后残差RMS值约为0.033周，并且验后残差100%在0.2周以内。相比［1，-1，0］组合UPD估值，［1，3，-4］组合UPD估值内符合精度更高，统计结果显示，［1，-1，0］组合UPD估值验后残差RMS值为0.089周，而［1，3，-4］组合UPD估值验后残差RMS值为0.053周，内符合精度提高约40.4%。相比［1，0，0］组合UPD估值，［-31，-131，163］组合UPD估值内符合精度略有提高，其验后残差RMS为0.097，内符合精度提高约12.6%。总体来讲，相比传统超宽巷、宽巷和L1模糊度线性组合估计的UPD，

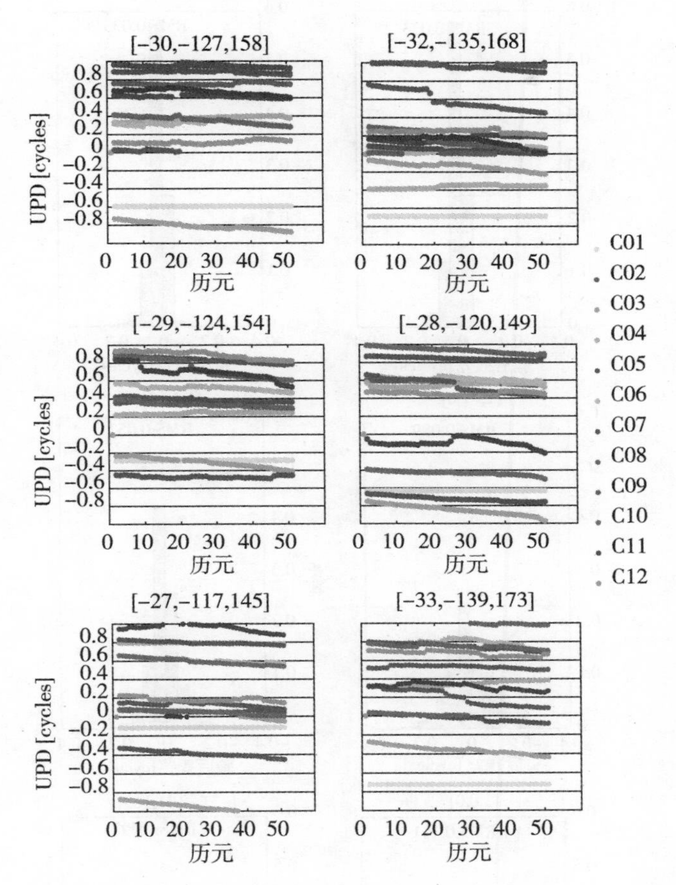

其中［-30，-127，158］、［-32，-135，168］、［-29，-124，154］、［-28，-120，149］、［-27，-117，145］和［-33，-139，173］为 LAMBDA Z 变换构造的第三级组合）

图 3-7　2016 年 026 天组合 UPD 时间序列（2）

最大降相关模糊度线性组合估计出的 UPD 内符合精度更高。

3.4.5　BDS 三频 PPP 固定解定位性能分析

基于上述讨论，利用式（3.10）可将组合 UPD 转换为原始频率 UPD。本小节分别将最大降相关组合 UPD 和传统组合 UPD 转换为原始频率 UPD，利用两套原始频率 UPD 分别实现 BDS 三频非组合 PPP 固定解（两组 PPP 固定解分别用“Fix One”和“Fix Two”表示，具体含义参见 3.4.1 节），并比较这两组 PPP 固

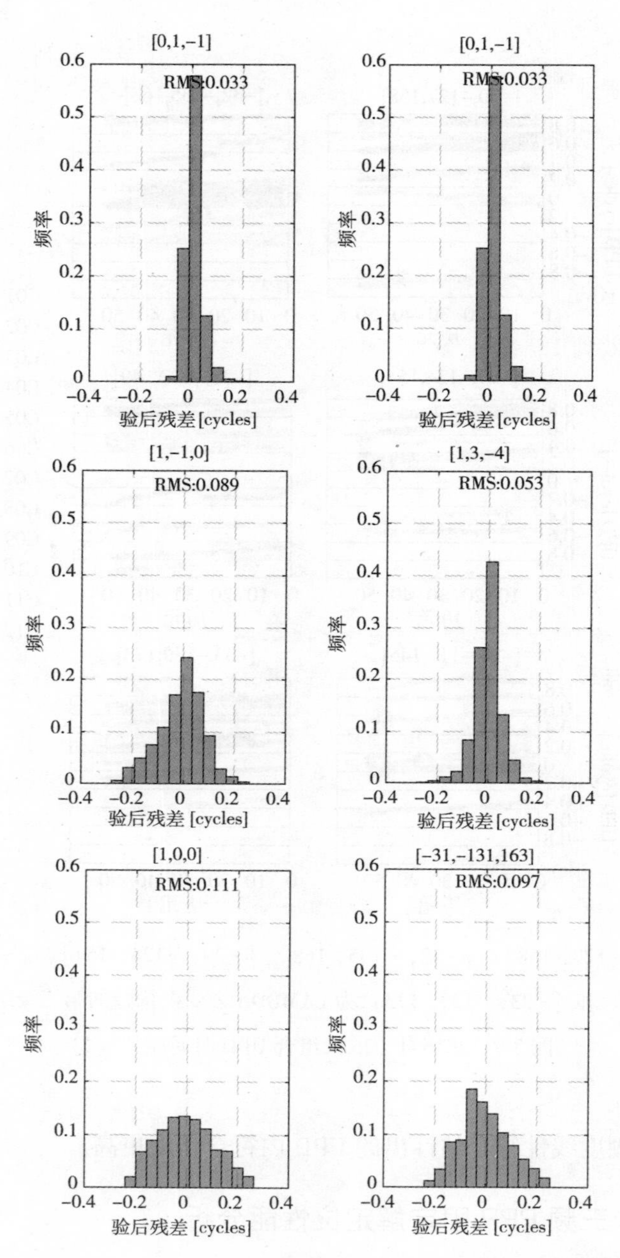

（其中子图［0，1，−1］、［1，3，−4］和［−31，−131，163］为最大降相关组合 UPD 估值验后残差频率分布；子图［0，1，−1］、［1，−1，0］和［1，0，0］分别为传统的超宽巷、宽巷和 L1 组合 UPD 估值验后残差频率分布）

图 3-8　2016 年 026 天传统组合 UPD 和最大降相关组合 UPD 估值验后残差频率分布

定解的定位性能，以判断两套原始频率 UPD 的精度。多频非组合 PPP 固定解的方法可以参考第 4 章，本小节不做详细讨论。图 3-9 展示了所有用户站进行三组 PPP 解算后，前 200 历元 E、N 和 U 方向上的平均定位偏差。如图 3-9 所示，相比三频 PPP 浮点解，三频 PPP 固定解的定位性能在收敛时间和定位精度方面明显更优。结果显示，“Fix Two” 水平方向上收敛到 10cm 以内需要约 51.5min，垂直方向收敛到 10cm 以内需要约 60.5min。相比 “Fix One”，“Fix Two” 水平方向和垂直方向收敛到 10cm 以内的时间分别缩短约 8.9%和 12.3%；相比 “Float”，“Fix Two” 水平方向和垂直方向收敛到 10cm 以内的时间分别缩短约 14.2%和 20.3%。

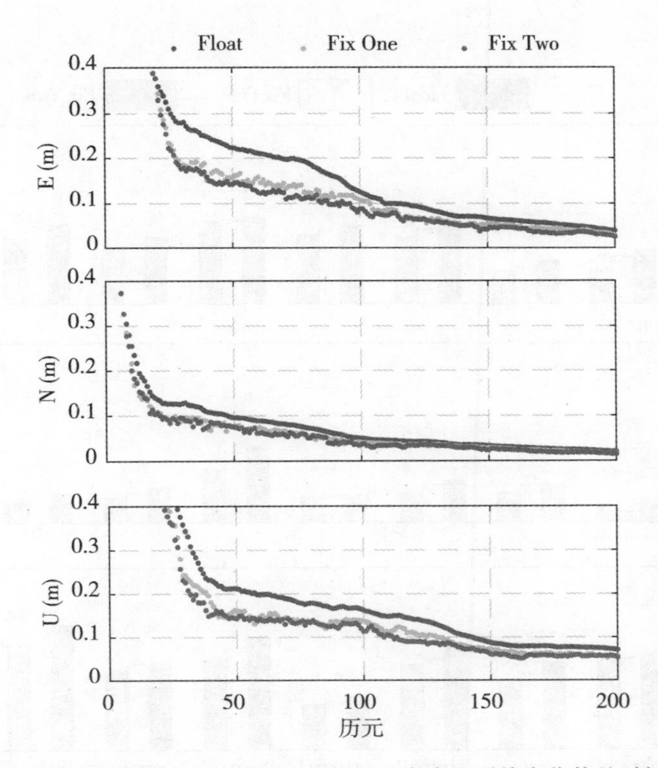

图 3-9　三组 PPP 解前 200 历元 E、N 和 U 方向上平均定位偏差时间序列

为进一步比较两组原始频率 UPD 实现的 PPP 固定解在其他时段的定位性能，图 3-10 统计了 8 个测站上三组 PPP 解算 3h 后在 E、N 和 U 方向上的平均

定位偏差。表 3-2 统计了所有测试站三组 PPP 解算 3h 后 E、N 和 U 方向上定位误差 RMS 和 STD，用以分别评估 PPP 解的外符合和内符合精度。如图 3-10 所示，目前，利用 3h 观测数据，BDS 三频 PPP 浮点解或固定解平均定位精度可实现水平方向优于 5cm，垂直方向优于 10cm。在各个测站上平均定位精度差异较大，但相比"Float"和"Fix One"，"Fix Two"在 E、N 和 U 方向上平均定位精度仍然最高。如表 3-2 所示，基于 RMS 和 STD 的统计结果，"Fix Two"定位精度最高，解算 3h 后，E、N 和 U 方向上的 RMS 值别为 3. 2cm、2. 0cm 和 4. 4cm。相比"Float"，E、N 和 U 方向定位精度分别提高约 18%、20%和 17%；相比"Fix Two"，三方向定位精度分别提高约 11. 1%、9. 1%和 8. 3%。

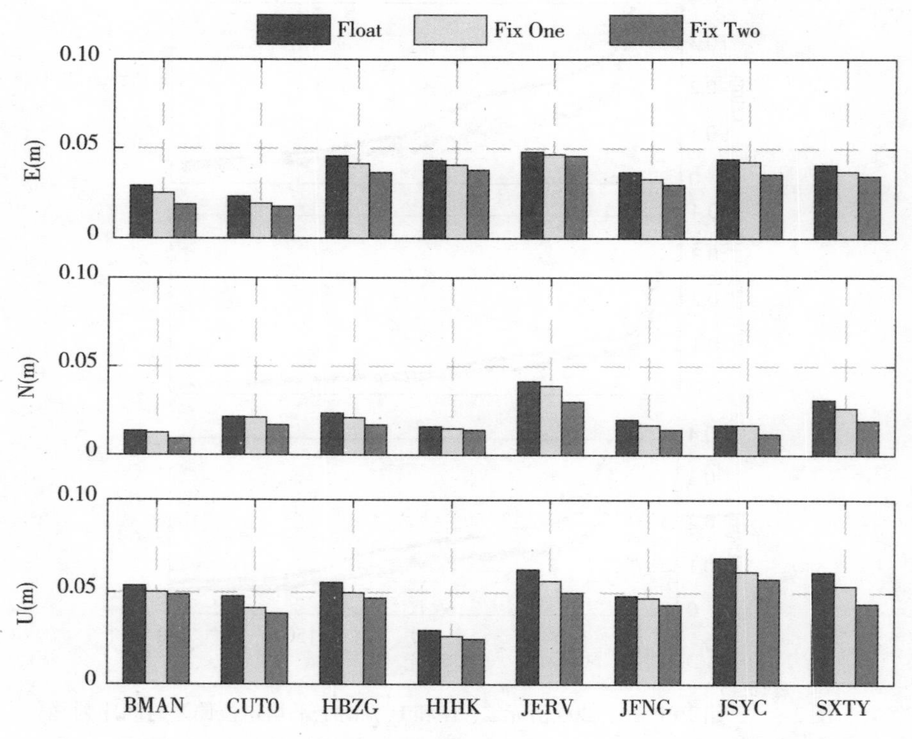

图 3-10　8 个测站上三组 PPP 解算 3h 后在 E、N 和 U 方向上的平均定位偏差

表 3-2　　三组 **PPP 解算 3h 后在 E、N 和 U 方向上定位误差 RMS 和 STD（单位：cm）**

方向	RMS			STD		
	Float	Fix One	Fix Two	Float	Fix One	Fix Two
E	3.9	3.6	3.2	2.6	2.4	2.1
N	2.5	2.2	2.0	2.3	2.2	2.0
U	5.3	4.8	4.4	4.4	4.1	3.9

图 3-11 统计了所有用户站三组 PPP 解在 15 小时 45 分至 18 小时 45 分时段内 E、N 和 U 方向上平均定位偏差，表 3-3 统计了三组 PPP 解该时段内 E、N 和 U 方向上定位偏差 STD 和定位偏差最大互差，其中“Diff-1”表示“Float”和

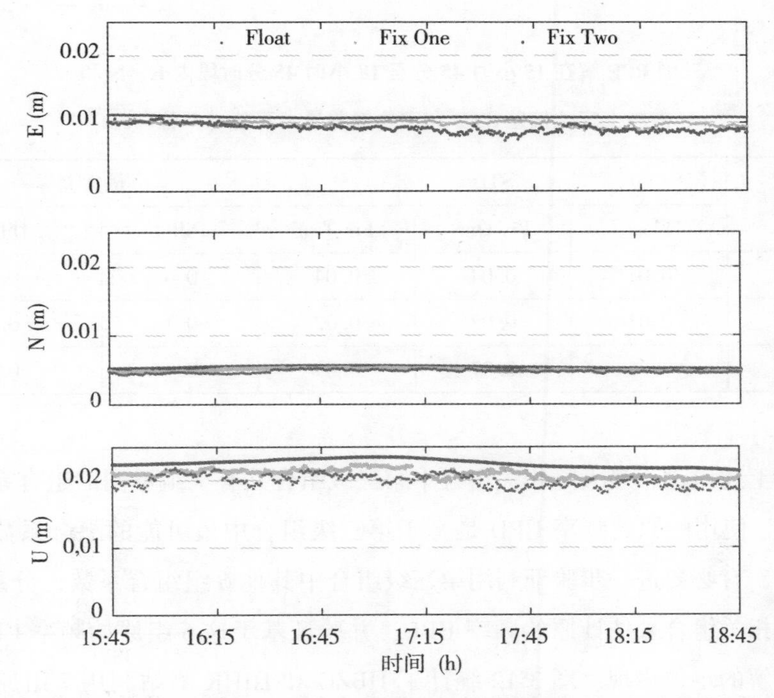

图 3-11　所有用户站三组 PPP 解在 15 小时 45 分至 18 小时 45 分时段内 E、N 和 U 方向上平均定位偏差时间序列

"Fix Two" 定位偏差的最大互差，"Diff-2" 表示 "Fix One" 和 "Fix Two" 定位偏差的最大互差。如图 3-11 所示，目前，利用十几个小时的观测数据，BDS 三频 PPP 浮点解或固定解可实现在 E 方向上 0.8~1.2cm、N 方向上 0.4~0.6cm 和 U 方向上 1.5~2.5cm 的定位精度。其中，"Fix Two" 的定位精度明显高于另外两组 PPP 解。如表 3-3 所示，相比 "Fix One"，"Fix Two" 定位精度在 E、N 和 U 方向上最高可以提高 0.3cm、0.1cm 和 0.3cm。结合以上的统计结果可以得出，基于最大降相关组合估计出的原始频率 UPD 所实现的 PPP 固定解的定位性能要优于基于传统组合估计出的原始频率 UPD 所实现的 PPP 固定解。值得注意的是，图 3-11 中浮点解偏差时间序列比固定解偏差时间序列更稳定，这可能是由于原始频率 UPD 估值受时变的大气误差影响，导致每天该时段的固定解定位结果不一致，以至于 STD 的统计值偏大。然而，浮点解和固定解定位误差稳定性的差异仅仅在亚毫米量级，在实际的应用中可忽略不计。

表 3-3　**三组 PPP 解在 15 小时 45 分至 18 小时 45 分时段内 E、N 和 U 方向上定位偏差 STD 和定位偏差最大互差（单位：cm）**

方向	STD			最大互差	
	Float	Fix One	Fix Two	Diff-1	Diff-2
E	0.01	0.04	0.04	0.4	0.3
N	0.01	0.02	0.02	0.1	0.1
U	0.06	0.07	0.09	0.4	0.3

基于上述讨论，最大降相关组合中第三级组合共有 7 组不同的组合系数，而 "Fix Two" 使用的原始频率 UPD 是基于第三级组合中最可能的组合系数估计出的。因此，有必要进一步验证利用第三级组合中其他 6 组组合系数，分别组成 6 组最大降相关组合来估计原始频率 UPD，并验证基于这 6 组原始频率 UPD 实现 PPP 固定解的定位表现。图 3-12 统计了 HBZG 和 HIHK 测站利用 7 组原始频率 UPD 实现 PPP 固定解的定位性能，包括 7 组固定解的首次固定时间和单天解定位精度。其中，"1" 代表 "Fix Two"，"2-7" 表示基于第三级组合中其他 6 组模糊线性组合估计出的 UPD 所实现的 PPP 固定解。如图 3-12 所示，基于这

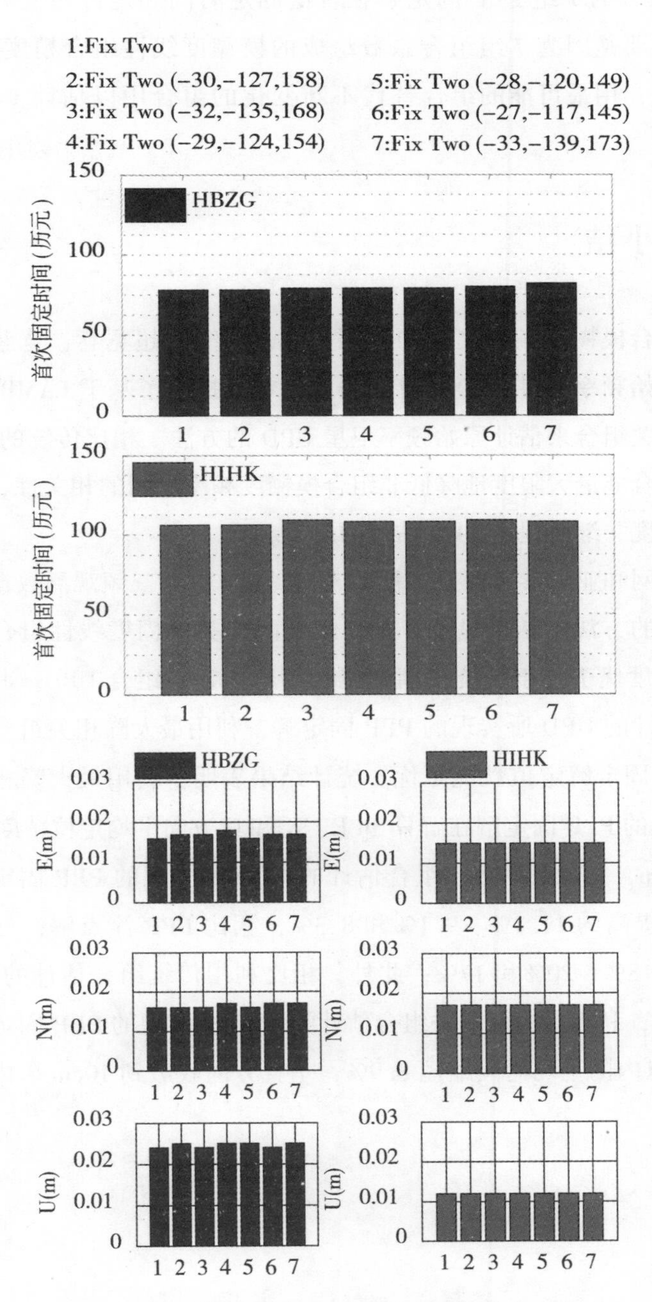

图 3-12 2016 年 026 天 HBZG 和 HIHK 测站上 7 组 PPP 固定解首次固定时间和 PPP 单天解定位偏差

7 组 UPD 所实现的 7 组 PPP 固定解在首次固定时间和定位精度方面的差异并不显著，这主要是因为 7 组组合系数组成的模糊度线性组合精度相当。因此，基于实验结果，用最可能的组合替代不断变化的组合用以估计 UPD 的策略是合理的。

3.5　本章小结

由于非组合模糊度频率之间的强相关性，传统的超宽巷、宽巷和 L1 组合，并不最适合原始频率卫星 UPD 估计。为此，本章提出了基于 LAMBDA *Z* 变换构造的最大降相关组合来估计原始频率卫星 UPD 的方法。相比传统的模糊度组合，最大降相关组合能最大限度地降低非组合模糊度频率之间的相关性，提高模糊度线性组合的精度，继而提高 UPD 估计的质量。

利用陆态网和亚太参考框架工程中 34 个具有 BDS 三频观测数据的测站来验证本章所提出的方法。结果显示，基于最大降相关模糊度线性组合估计的组合 UPD 内符合精度优于基于传统模糊度线性组合估计的组合 UPD。此外，相比利用传统组合估计的 UPD 所实现的 PPP 固定解，利用最大降相关组合估计的 UPD 所实现的 PPP 固定解定位性能更优。统计结果表明：利用最大降相关组合估计的 UPD 所实现的 PPP 固定解在解算 3h E、N 和 U 方向平均定位精度可达 3. 2cm、2. 0cm 和 4. 4cm，相比利用传统组合估计的 UPD 所实现的 PPP 固定解，三方向定位精度分别提高约 11. 1%、9. 1% 和 8. 3%，相比 PPP 浮点解，三方向定位精度分别提高约 18%、20% 和 17%；此外，相比利用传统组合估计的 UPD 所实现的 PPP 固定解，利用最大降相关组合估计的 UPD 所实现的 PPP 固定解水平方向收敛到 10cm 以内的平均时间缩短 8. 9%，垂直方向收敛到 10cm 以内的平均时间缩短 12. 3%。

第4章　多频非组合PPP模糊度快速固定方法

传统的PPP固定解主要是利用双频观测值，通过分别固定宽巷和窄巷模糊度的方法来实现PPP整数模糊度的确定。在没有密集参考站增强的情况下，双频PPP的固定解依然需要大约30min左右的首次固定时间。近年来，能够播发多频率观测值的卫星数量不断增多，我们希望利用多频率观测值来进一步缩短PPP固定解的首次固定时间。此外，基于以上章节的讨论，非组合PPP模型能够更好地兼容处理多频率GNSS观测值，有望成为未来GNSS数据处理的统一观测模型。因此，本章研究基于非组合PPP模型的多频率模糊度固定方法。

4.1　引言

PPP模糊度固定技术是充分利用GNSS载波相位模糊度的整数特性，通过对卫星和接收机相位延迟的适当处理，来实现PPP模糊度的整数确定（Ge et al.，2008；Laurichesse et al.，2009；Collins et al.，2010）。相比于PPP浮点解，PPP固定解可以进一步缩短收敛时间，提高定位精度和可靠性。然而，目前双频PPP固定解依然需要相对长的首次固定时间（约30min），不能像网络RTK技术一样能够实现模糊度瞬时固定。因此，如何缩短PPP固定解的首次固定时间依然是学界和工业届研究的热点问题。新一代全球导航卫星能够播发三频甚至更多频率信号，利用额外的频率信号有望提高PPP固定解的性能，包括首次固定时间和定位精度。

早期对三频或多频载波相位模糊度固定的研究主要集中在双差相对定位的算法上。最早研究三频载波相位模糊度固定的是Forssell等以及Vollath等学者，他们提出了“三频相位模糊度固定”方法（Three-Carrier Ambiguity Resolution，

TCAR)。De Jonge 等和 Hatch 等学者提出了“逐级模糊度固定”方法（Cascaded Integer Resolution，CIR)。TCAR/CIR 方法的基本思想是：从波长最长的超宽巷模糊度开始固定，利用已经固定的超宽巷模糊度，逐步固定波长相对短波长的宽巷和窄巷模糊度，其中宽巷模糊度用于桥接最长波长的超宽巷模糊度和最短波长窄巷模糊度（Werer et al.，2003)。这种相对定位的多频逐级模糊度固定方法被后来的学者逐步验证、发展和改进（Feng et al.，2008；Li et al.，2010；Tang et al.，2014；Zhao et al.，2015)。基于上述 TCAR/CIR 思想，Geng 和 Bock 提出了基于无电离层组合 PPP 模型的三频模糊度固定算法。

近年来，关于 PPP 模型的研究已经从经典的无电离层组合模型发展到非差非组合模型，这主要是因为非差非组合模型具有更低的观测噪声，同时能够保留所有的观测信息（Liu et al.，2017；张小红等，2018；Zhang et al.，2019)。非差非组合 PPP 模型也被视为多频多系统 GNSS 定位的统一模型（Odijk et al.，2016)。就目前而言，三频或多频非组合 PPP 固定解方法的研究十分有限，方法和固定策略并不统一，并且主要是基于 BDS 三频观测数据（Gu et al.，2015；Li et al.，2018)。此外，由于 BDS 卫星精密轨道和钟差精度较低，并且缺乏精确的卫星端和接收机端 PCO/PCV 天线改正，导致三频观测值对 PPP 固定解的贡献并没有得到充分地验证（Liu et al.，2019a)。

因此，本章将系统地研究三频或多频非组合 PPP 模糊度固定方法。此外，本章将利用目前较新的 Galileo 卫星观测数据来研究三频观测值对 PPP 模糊度固定的贡献。4.2 小节将回顾现有的经典的双频 PPP 模糊度固定方法和经典的双差 TCAR/CIR 模糊度固定方法；4.3 小节通过借鉴经典的模糊度固定方法，提出适用于非组合 PPP 模型的三频逐级模糊度固定方法；4.4 小节将利用 Galileo 卫星观测数据验证 4.3 小节提出的方法的正确性以及三频观测值对非组合 PPP 固定解的贡献；4.5 小节提出改进的非组合 PPP 三频逐级模糊度固定方法；4.6 小节对本章做出总结。

4.2　GNSS 三频观测值组合与传统模糊度固定方法

本小节将阐释经典的模糊度固定方法，包括经典的双频 PPP 模糊度固定方法和经典的双差 TCAR/CIR 模糊固定方法。通过对经典模糊度固定方法的研究，为提出三频非组合 PPP 模糊度固定方法提供可借鉴的思路和理论依据。

4.2.1　三频观测值组合理论

依据上述章节给出的 PPP 原始频率伪距和载波相位观测方程，组合的伪距和载波相位观测方程可表示如下：

$$\begin{cases} P_{i,(m,p,q)}^{j} = \rho_i^j + \gamma_{(m,p,q)} \cdot I_{i,1}^{j} + d_{i,(m,p,q)} - d^{j,(m,p,q)} + \varepsilon_{i,(m,p,q)}^{j} \\ L_{i,(x,y,z)}^{j} = \rho_i^j - \gamma_{(x,y,z)} \cdot I_{i,1}^{j} + \lambda_{(x,y,z)} \cdot (N_{i,(x,y,z)}^{j} + b_{i,(x,y,z)} - b^{j,(x,y,z)}) + \xi_{i,(x,y,z)}^{j} \end{cases} \tag{4.1}$$

其中，$(m,\ p,\ q)$ 和 $(x,\ y,\ z)$ 分别表示三频伪距和相位组合观测值的整数组合系数；$P_{i,(m,p,q)}^{j}$ 表示为三频伪距组合观测值（Feng，2008）：

$$P_{i,(m,p,q)}^{j} = \frac{m \cdot f_1 \cdot P_{i,1}^{j} + p \cdot f_2 \cdot P_{i,2}^{j} + q \cdot f_3 \cdot P_{i,3}^{j}}{m \cdot f_1 + p \cdot f_2 + q \cdot f_3} \tag{4.2}$$

$L_{i,(x,y,z)}^{j}$ 表示以米为单位的三频相位组合观测值：

$$L_{i,(x,y,z)}^{j} = \frac{x \cdot f_1 \cdot L_{i,1}^{j} + y \cdot f_2 \cdot L_{i,2}^{j} + z \cdot f_3 \cdot L_{i,3}^{j}}{x \cdot f_1 + y \cdot f_2 + z \cdot f_3} \tag{4.3}$$

$\gamma_{(m,p,q)}$ 和 $\gamma_{(x,y,z)}$ 表示为三频组合的电离层尺度因子：

$$\gamma_{(m,p,q)} = \frac{f_1^2(m/f_1 + p/f_2 + q/f_3)}{m \cdot f_1 + p \cdot f_2 + q \cdot f_3} \tag{4.4}$$

$$\gamma_{(x,y,z)} = \frac{f_1^2(x/f_1 + y/f_2 + z/f_3)}{x \cdot f_1 + y \cdot f_2 + z \cdot f_3} \tag{4.5}$$

$N_{i,(x,y,z)}^{j}$ 是以周为单位的组合模糊度：

$$N_{i,(x,y,z)}^{j} = x \cdot N_{i,1}^{j} + y \cdot N_{i,2}^{j} + z \cdot N_{i,3}^{j} \tag{4.6}$$

$d_{i,(m,p,q)}$ 和 $d^{j,(m,p,q)}$ 为组合的接收机和卫星伪距延迟偏差：

$$\begin{cases} d_{i,(m,p,q)} = \dfrac{m \cdot f_1 \cdot d_{i,1} + p \cdot f_2 \cdot d_{i,2} + q \cdot f_3 \cdot d_{i,3}}{m \cdot f_1 + p \cdot f_2 + q \cdot f_3} \\ d^{j,(m,p,q)} = \dfrac{m \cdot f_1 \cdot d^{j,1} + p \cdot f_2 \cdot d^{j,2} + q \cdot f_3 \cdot d^{j,3}}{m \cdot f_1 + p \cdot f_2 + q \cdot f_3} \end{cases} \tag{4.7}$$

$b_{i,(x,y,z)}$ 和 $b^{j,(x,y,z)}$ 是以周为单位的组合的接收机和卫星相位延迟偏差：

$$\begin{cases} b_{i,(x,y,z)} = x \cdot b_{i,1} + y \cdot b_{i,2} + z \cdot b_{i,3} \\ b^{j,(x,y,z)} = x \cdot b^{j,1} + y \cdot b^{j,2} + z \cdot b^{j,3} \end{cases} \tag{4.8}$$

$\lambda_{(x,y,z)}$ 和 $f_{(x,y,z)}$ 分别是组合观测值的波长和频率，可表达为：

$$\lambda_{(x,y,z)} = \frac{c}{f_{(x,y,z)}},\ f_{(x,y,z)} = x \cdot f_1 + y \cdot f_2 + z \cdot f_3 \tag{4.9}$$

其中，c 为光在真空中的传播速度。

$\varepsilon_{i,(m,p,q)}^{j}$ 和 $\xi_{i,(x,y,z)}^{j}$ 分别为组合伪距观测值和组合相位观测值观测噪声。如果假设每个频率观测值的观测噪声相等且独立，则每个频率上的伪距和相位观测值的标准差可表示为：

$$\begin{cases} \sigma_{P_1} = \sigma_{P_2} = \sigma_{P_3} = \sigma_P \\ \sigma_{L_1} = \sigma_{L_2} = \sigma_{L_3} = \sigma_L \end{cases} \tag{4.10}$$

因此，组合伪距观测值和组合相位观测值的方差可表示为：

$$\begin{cases} \sigma_{P_{i,(m,p,q)}^{j}}^{2} = \dfrac{(m \cdot f_1)^2 \cdot \sigma_{P_{i,1}^{j}}^{2} + (p \cdot f_2)^2 \cdot \sigma_{P_{i,2}^{j}}^{2} + (q \cdot f_3)^2 \cdot \sigma_{P_{i,3}^{j}}^{2}}{(m \cdot f_1 + p \cdot f_2 + q \cdot f_3)^2} = \mu_{(m,p,q)}^{2} \sigma_P^2 \\ \sigma_{L_{i,(x,y,z)}^{j}}^{2} = \dfrac{(x \cdot f_1)^2 \cdot \sigma_{L_{i,1}^{j}}^{2} + (y \cdot f_2)^2 \cdot \sigma_{L_{i,2}^{j}}^{2} + (z \cdot f_3)^2 \cdot \sigma_{L_{i,3}^{j}}^{2}}{(x \cdot f_1 + y \cdot f_2 + z \cdot f_3)^2} = \mu_{(x,y,z)}^{2} \sigma_L^2 \end{cases} \tag{4.11}$$

通常情况下，$\sigma_p = 0.3\text{m}$，$\sigma_L = 0.003\text{m}$；$\mu_{(m,p,q)}^{2}$ 可视为噪声放大因子：

$$\mu_{(m,p,q)}^{2} = \frac{(m \cdot f_1)^2 + (p \cdot f_2)^2 + (q \cdot f_3)^2}{(m \cdot f_1 + p \cdot f_2 + q \cdot f_3)^2} \tag{4.12}$$

4.2.2　经典 TCAR/CIR 双差模糊度固定方法

TCAR 和 CIR 双差模糊度固定方法本质上是相同的，都是通过依次固定三个不同频率组合的双差模糊度，来实现三个原始频率的双差模糊度固定。主要区别是它们所选用的模糊度组合是不同的。对于 GPS 观测值来讲，通常情况下 TCAR 算法选择的三个不同频率模糊度组合分别为：(0, 1, -1)、(1, 0, -1) 和 (1, 0, 0)，而 CIR 算法选择的三个不同频率模糊度组合分别为：(0, 1, -1)、(1, -1, 0) 和 (0, 0, 1)（Teunissen et al.，2002）。本书以 TCAR 算法中所选择的组合模糊度为例，来阐释双差三频模糊度固定的基本过程。

首先，通过组合的伪距和相位观测值来固定波长最长的超宽巷模糊度，其表达式如下：

$$\nabla\Delta\hat{N}_{i,\ m,\ (0,\ 1,\ -1)}^{j,\ n}=(\nabla\Delta P_{i,\ m,\ (0,\ 1,\ 1)}^{j,\ n}-\nabla\Delta L_{i,\ m,\ (0,\ 1,\ -1)}^{j,\ n})/\lambda_{(0,\ 1,\ -1)} \tag{4.13}$$

$$\nabla\Delta\bar{N}_{i,\ m,\ (0,\ 1,\ -1)}^{j,\ n}=\mathrm{Round}[\nabla\Delta\hat{N}_{i,\ m,\ (0,\ 1,\ -1)}^{j,\ n}] \tag{4.14}$$

式中，$\nabla\Delta$ 为双差算子；上标 j 和 n 为星间差的两颗卫星；下标 i 和 m 为站间差的两测站；Round[ ] 为取整函数；$\nabla\Delta\hat{N}_{i,\ m,\ (0,\ 1,\ -1)}^{j,\ n}$ 为双差超宽巷浮点模糊度；$\nabla\Delta\bar{N}^{j},\ n_{i,\ m,\ (0,\ 1,\ -1)}$ 为双差超宽巷整数模糊度；其余符号同 4.2.1 小节。

其次，利用已固定的双差超宽巷模糊度，可以得到不含整周模糊度的双差超宽巷相位观测值，其表达式如下：

$$\nabla\Delta\bar{L}_{i,\ m,\ (0,\ 1,\ -1)}^{j,\ n}=\nabla\Delta L_{i,\ m,\ (0,\ 1,\ -1)}^{j,\ n}-\lambda_{(0,\ 1,\ -1)}\nabla\Delta\bar{N}_{i,\ m,\ (0,\ 1,\ -1)}^{j,\ n} \tag{4.15}$$

式中，$\nabla\Delta\bar{L}_{i,\ (0,\ 1,\ -1)}^{j}$ 为不包含整周模糊度的双差超宽巷相位观测值。利用不包含整周模糊度的双差超宽巷相位观测值可以固定双差宽巷模糊度，其表达式如下：

$$\nabla\Delta\hat{N}_{i,\ m,\ (1,\ 0,\ -1)}^{j,\ n}=(\nabla\Delta L_{i,\ m,\ (1,\ 0,\ -1)}^{j,\ n}-\nabla\Delta\bar{L}_{i,\ m,\ (0,\ 1,\ -1)}^{j,\ n})/\lambda_{(1,\ 0,\ -1)} \tag{4.16}$$

$$\nabla\Delta\bar{N}_{i,\ m,\ (1,\ 0,\ -1)}^{j,\ n}=\mathrm{Round}[\nabla\Delta\hat{N}_{i,\ m,\ (1,\ 0,\ -1)}^{j,\ n}] \tag{4.17}$$

式中，$\nabla\Delta\hat{N}_{i,\ m,\ (1,\ 0,\ -1)}^{j,\ n}$ 为双差宽巷浮点模糊度；$\nabla\Delta\bar{N}_{i,\ m,\ (1,\ 0,\ -1)}^{j,\ n}$ 为双差宽巷整数模糊度。

最后，利用已固定的双差宽巷模糊度，可以得到不含整周模糊度的双差宽巷相位观测值，其表达式如下：

$$\nabla\Delta\bar{L}_{i,\ m,\ (1,\ 0,\ -1)}^{j,\ n}=\nabla\Delta L_{i,\ m,\ (1,\ 0,\ -1)}^{j,\ n}-\lambda_{(1,\ 0,\ -1)}\nabla\Delta\bar{N}_{i,\ m,\ (1,\ 0,\ -1)}^{j,\ n} \tag{4.18}$$

式中，$\nabla\Delta\bar{L}_{i,\ m,\ (1,\ 0,\ -1)}^{j,\ n}$ 为不包含整周模糊度的双差宽巷观测值。利用不包含整周模糊度的双差宽巷相位观测值可以固定双差窄巷模糊度，其表达式如下：

$$\nabla\Delta\hat{N}_{i,\ m,\ (1,\ 0,\ 0)}^{j,\ n}=(\nabla\Delta L_{i,\ m,\ (1,\ 0,\ 0)}^{j,\ n}-\nabla\Delta\bar{L}_{i,\ m,\ (1,\ 0,\ -1)}^{j,\ n})/\lambda_{(1,\ 0,\ 0)} \tag{4.19}$$

$$\nabla\Delta\bar{N}_{i,\ m,\ (1,\ 0,\ 0)}^{j,\ n}=\mathrm{Round}[\nabla\Delta\hat{N}_{i,\ m,\ (1,\ 0,\ 0)}^{j,\ n}] \tag{4.20}$$

式中，$\nabla\Delta\hat{N}_{i,\ m,\ (1,\ 0,\ 0)}^{j,\ n}$ 为双差窄巷浮点模糊度；$\nabla\Delta\bar{N}_{i,\ m,\ (1,\ 0,\ 0)}^{j,\ n}$ 为双差窄巷整数模糊度。

虽然，TCAR/CIR 算法是针对相对定位中的双差三频模糊度固定，但仍然可以借鉴该算法中逐级模糊度固定的思想，为非差非组合 PPP 三频模糊度固定提供理论支撑。

4.2.3　经典 PPP WL/NL 双频模糊度固定方法

双差模糊度固定与 PPP 非差模糊度固定最大的不同在于对相位观测值中硬件延迟的处理：双差观测值可以很好地消除掉相位观测值中的接收机端 UPD 和卫星端 UPD，使得双差浮点模糊具有整数特性；然而，非差观测值不能直接消除接收机端 UPD 和卫星端 UPD；因此，PPP 非差浮点模糊度不具有整数特性，必须通过某种方式去掉 PPP 非差浮点模糊度中的接收机端和卫星端的 UPD，使 PPP 非差模糊度恢复整数特性后才能够实现 PPP 非差模糊度固定。目前，PPP 模糊度固定中相位硬件延迟的处理方法主要有三种：UPD 改正法（Ge et al.，2008）、整数钟法（Laurichesse et al.，2009）和钟差去耦法（Collins et al.，2010）。本小节以 UPD 改正法为例，来阐释经典 PPP 双频模糊度固定方法。

经典 PPP 双频模糊度固定方法采用的是无电离层组合模型，由于无电离层组合系数使得模糊度不具有整数特性，通常将无电离层组合模糊度拆分成宽巷和窄巷模糊度，此外，接收机端的相位硬件延迟一般不具有稳定性，通常采用星间单差的方法消除，因此卫星 j 和 n 在测站 i 上的星间单差无电离层组合模糊度可表示如下：

$$\Delta N_{i,IF}^{j,n} = \frac{f_1 f_2}{f_1^2 - f_2^2}(\Delta N_{i,WL}^{j,n} - \Delta b^{j,n,WL}) + \frac{f_1}{f_1 + f_2}(\Delta N_{i,NL}^{j,n} - \Delta b^{j,n,NL}) \tag{4.21}$$

式中，$\Delta N_{i,IF}^{j,n}$ 星间单差无电离层组合模糊度；$\Delta N_{i,WL}^{j,n}$ 为星间单差宽巷模糊度；$\Delta N_{i,NL}^{j,n}$ 为星间单差窄巷模糊度；$\Delta b^{j,n,WL}$ 为星间单差宽巷 UPD；$\Delta b^{j,n,NL}$ 为星间单差窄巷 UPD。星间单差宽巷和窄巷 UPD 可按照第 3 章中介绍的方法进行估计。

在星间单差无电离层组合模糊度固定的过程中，首先固定星间单差宽巷模糊度，宽巷浮点模糊度通常可以利用 HMW 组合获取（Hatch，1982；Melbourne，1985；Wübbena，1985），改正星间单差宽巷 UPD 后，通过取整可以直接得到星间单差宽巷整数模糊度，其表达式如下：

$$\Delta \bar{N}_{i,WL}^{j,n} = \mathrm{Round}[\Delta \hat{N}_{i,WL}^{j,n} + \Delta \hat{b}^{j,n,WL}] \tag{4.22}$$

式中，$\Delta \bar{N}_{i,WL}^{j,n}$ 为星间单差整数模糊度；$\Delta \hat{N}_{i,WL}^{j,n}$ 为 HMW 组合获取的星间单差宽巷浮点模糊度。

根据式（4.21）利用星间单差宽巷整数模糊度和星间单差无电离层浮点模糊

度可以求出星间单差窄巷浮点模糊度，其表达式如下：

$$\Delta\hat{N}_{i,\ NL}^{j,\ n}=\frac{f_1+f_2}{f_1}\Delta\hat{N}_{i,\ IF}^{j,\ n}-\frac{f_2}{f_1-f_2}\Delta\overline{N}_{i,\ WL}^{j,\ n} \tag{4.23}$$

式中，$\Delta\hat{N}_{i,\ NL}^{j,\ n}$ 为星间单差窄巷浮点模糊；$\Delta\hat{N}_{i,\ IF}^{j,\ n}$ 为星间单差无电离层浮点模糊度。

星间单差窄巷浮点模糊通过改正星间单差宽巷 UPD 后，可代入 LAMBDA 过程进行模糊度搜索（Teunissen，1995），求解出星间单差窄巷整数模糊度。将已固定的星间单差宽巷和窄巷整数模糊度代入式（4.21），并将其作为虚拟观测方程，选择合适的权值，约束 PPP 浮点解的法方程，从而完成 PPP 双频模糊度固定。

4.3　非组合 PPP 三频逐级模糊度快速固定新方法

通过借鉴经典的 TCAR 双差模糊度固定方法和经典的 PPP 双频模糊度固定方法，结合非组合 PPP 模型的特点，本节提出基于非组合 PPP 模型的多信息逐级模糊度固定方法。4.3.1 小节至 4.3.3 小节分别讨论不同层级模糊度固定方法以及其所受误差影响；4.3.4 小节将多频逐级非组合模糊度固定方法和 LAMBDA 算法融合为一套统一的多频非组合模糊度快速固定方法；4.3.5 小节比较并讨论基于新方法的双频和三频非组合模糊度固定过程。

4.3.1　超宽巷模糊度固定及误差分析

非组合三频 PPP AR，仍然是首先固定波长最长的超宽巷模糊度，超宽巷模糊度由于较容易固定，可以直接利用 HMW 组合并通过逐历元平滑的方式获取其浮点模糊度，其表达式如下：

$$\hat{N}_{i,\ (0,\ 1,\ -1)}^{j}(n)=[P_{i,\ (0,\ 1,\ 1)}^{j}(n)-L_{i,\ (0,\ 1,\ -1)}^{j}(n)]/\lambda_{(0,\ 1,\ -1)} \tag{4.24}$$

式中，上标 j 表示卫星；下标 i 表示测站；$\hat{N}_{i,\ (0,\ 1,\ -1)}^{j}$ 表示超宽巷浮点模糊度，以周为单位；$L_{i,\ (0,\ 1,\ -1)}^{j}$ 表示（0，1，−1）组合的三频相位观测值，以米为单位；$P_{i,\ (0,\ 1,\ 1)}^{j}$ 表示（0，1，1）组合的伪距观测值；$\lambda_{(0,\ 1,\ -1)}$ 表示超宽巷观测值波长。需要注意的是，由式（4.24）得到的超宽巷浮点模糊度同时包含接收机端和卫星端相位延迟，我们需要利用已估计的卫星的超宽巷 UPD 产品改正卫星相位延迟，通过星间单差的方式来消除接收机端相位延迟。这样，星间单差超宽巷整数模糊度可以通过取整的方式直接获取，其表达式如下（以 Galileo 卫星为例分析星间单差超宽巷模糊度对应的观测值波长、电离层误差和测量噪声）：

$$\Delta\overline{N}_{i,(0,1,-1)}^{j,n} = \mathrm{Round}[\Delta\hat{N}_{i,(0,1,-1)}^{j,n} + \Delta b^{j,n,(0,1,-1)}] \tag{4.25}$$

其中，

$$\begin{cases} \lambda_{(0,1,-1)} = \left|\dfrac{c}{f_{E5a} - f_{E5b}}\right| \approx 9.77\mathrm{m} \\ I_{EWL} \approx 0 \\ \sigma_{EWL} = \sqrt{\mu_{(0,1,1)}^2 \sigma_P^2 + \mu_{(0,1,-1)}^2 \sigma_L^2} \approx 0.21\mathrm{m} \end{cases} \tag{4.26}$$

式中，j 和 n 为做星间单差的卫星对；$\Delta\overline{N}_{i,(0,1,-1)}^{j,n}$ 表示星间单差超宽巷整数模糊度；$\Delta b^{j,n,(0,1,-1)}$ 表示星间单差超宽巷 UPD 改正；I_{EWL} 表示超宽巷模糊度所包含的电离层误差，约为 0；σ_{EWL} 表示超宽巷模糊度的理论测量噪声，约为 0.21m，可用式（4.11）和（4.12）计算；$\lambda_{(0,1,-1)}$ 为 Galileo 卫星超宽巷观测值（由 E5a 和 E5b 组成）的波长，约为 9.77m。可以看出，超宽巷模糊度由于其相对长的波长，使得电离层误差和测量噪声对其影响可以忽略不计，可以很容易地被固定。

4.3.2　宽巷模糊度固定及误差分析

非组合 PPP 三频逐级模糊度固定的第二步是固定宽巷模糊度。根据之前的研究成果，（1，−1，0）或（1，0，−1）组合具有良好的性能，在宽巷模糊度固定中得到比较广泛的应用（Feng，2008；Zhao et al.，2015）。在三频模糊度固定中，星间单差宽巷模糊度是基于已固定的星间单差超宽巷整数模糊度和其星间单差超宽巷相位观测值，而非对应的 HMW 组合观测值。无整周模糊度的星间单差超宽巷相位观测值可表示如下：

$$\Delta\overline{L}_{i,(0,1,-1)}^{j,n} = \Delta L_{i,(0,1,-1)}^{j,n} - \lambda_{(0,1,-1)}\Delta\overline{N}_{i,(0,1,-1)}^{j,n} \tag{4.27}$$

式中，$\Delta\overline{L}_{i,(0,1,-1)}^{j,n}$ 表示无整周模糊度的星间单差超宽巷相位观测值；$\Delta L_{i,(0,1,-1)}^{j,n}$ 表示星间单差相位观测值。由此可得，基于 Galileo E1 和 E5b 频率的星间单差宽巷浮点模糊度可表示为：

$$\begin{aligned} \Delta\hat{N}_{i,(1,0,-1)}^{j,n} = [&\Delta L_{i,(1,0,-1)}^{j,n} - \Delta\overline{L}_{i,(0,1,-1)}^{j,n} + (\gamma_{(1,0,-1)} - \gamma_{(0,1,-1)}) \cdot \\ &\Delta I_{i,1}^{j,n}]/\lambda_{(1,0,-1)} \end{aligned} \tag{4.28}$$

式中，$\Delta\hat{N}_{i,(1,0,-1)}^{j,n}$ 表示星间单差宽巷浮点模糊度；$\Delta L_{i,(1,0,-1)}^{j,n}$ 表示星间单差宽巷相位观测值；$\gamma_{(1,0,-1)}$ 和 $\gamma_{(0,1,-1)}$ 分别表示宽巷组合和超宽巷组合的电离层尺度因子；$\Delta I_{i,1}^{j,n}$ 表示 E1 频率上的电离层斜延迟；$\lambda_{(1,0,-1)}$ 表示宽巷相位观测值的波长。与式（4.25）相似，星间单差宽巷整数模糊度为：

$$\Delta\bar{N}_{i,(1,0,-1)}^{j,n} = \mathrm{Round}\left[\Delta\hat{N}_{i,(1,0,-1)}^{j,n} + \Delta b^{j,n,(1,0,-1)}\right] \tag{4.29}$$

其中，

$$\begin{cases} \lambda_{(1,0,-1)} = \left|\dfrac{c}{f_{E1} - f_{E5b}}\right| \approx 0.81\mathrm{m} \\ I_{WL} = (\gamma_{(1,0,-1)} - \gamma_{(0,1,-1)})\Delta I_{i,1}^{j,n} \\ \sigma_{WL} = \sqrt{\mu_{(0,1,-1)}^2 + \mu_{(1,0,-1)}^2}\,\sigma_L \approx 0.028\mathrm{m} \end{cases} \tag{4.30}$$

式中，$\Delta\bar{N}_{i,(1,0,-1)}^{j,n}$ 表示星间单差宽巷整数模糊度；$\Delta b^{j,n,(1,0,-1)}$ 表示星间单差宽巷卫星 UPD 改正；σ_{WL} 表示宽巷模糊度理论测量噪声，约为 0.028m；$\lambda_{(1,0,-1)}$ 为宽巷相位观测值的波长，约为 0.81m。I_{WL} 表示宽巷模糊度所包含的电离层误差，约为 $(\gamma_{(1,0,-1)} - \gamma_{(0,1,-1)})\Delta I_{i,1}^{j,n}$。从中可以看出，相对于宽巷波长来讲，宽巷模糊度所受的噪声较小，可以忽略不计，因此，宽巷模糊度快速固定主要受电离层残余误差的影响。传统的方法通常是利用无电离层组合来减弱甚至消除电离层残余误差的影响（Li et al.，2010；Zhao et al.，2015），然而这些组合系数会产生更大的测量噪声或者破坏组合模糊度的整数特性（Zhang，He，2016）。降低或消除电离层残余误差影响更好的方法是利用精确的电离层信息进行改正，可以利用密集的参考站内插或者区域电离层精确建模，在没有密集参考站的情况下，可以利用非组合 PPP 浮点解估计出的电离层参数进行改正。

宽巷模糊解算的另一种策略是利用相应的 HMW 组合，这种方式在双频 PPP 模糊度解算中常常用到，其表达式为：

$$\begin{cases} \tilde{N}_{i,(1,0,-1)}^{j} = (P_{i,(1,0,1)}^{j} - L_{i,(1,0,-1)}^{j})/\lambda_{(1,0,-1)} \\ \Delta\breve{N}_{i,(1,0,-1)}^{j,n} = \mathrm{Round}\left[\Delta\tilde{N}_{i,(1,0,-1)}^{j,n} + \Delta b^{j,n,(1,0,-1)}\right] \end{cases} \tag{4.31}$$

其中，

$$\begin{cases}\lambda_{(1,0,-1)}=\left|\dfrac{c}{f_{E1}-f_{E5b}}\right|\approx 0.81\mathrm{m}\\ I'_{WL}\approx 0\\ \sigma'_{WL}=\sqrt{\mu^2_{(1,0,1)}\sigma^2_P+\mu^2_{(1,0,-1)}\sigma^2_L}\approx 0.21\mathrm{m}\end{cases}\tag{4.32}$$

式中，$\tilde{N}^{j}_{i,(1,0,-1)}$ 为 HMW 组合解算出的宽巷浮点模糊度；$\Delta\breve{N}^{j,n}_{i,(1,0,-1)}$ 表示相应的星间单差整数模糊度。从式中可以看出，虽然基于 HMW 组合解算出的宽巷模糊度受电离层误差影响接近 0，但是其测量噪声是采用超宽巷-宽巷逐级策略得到的宽巷模糊度测量噪声的 10 倍。值得注意的是，HMW 组合解算出的超宽巷和宽巷模糊度测量噪声几乎相等，但是，由于超宽巷观测值波长比宽巷观测值的波长长很多，因此，测量噪声对超宽巷模糊度解算的影响比宽巷模糊度解算的影响小很多。

4.3.3　窄巷模糊度固定及误差分析

非组合 PPP 三频逐级模糊度固定的第三步是解算窄巷模糊度。一旦宽巷模糊度被固定，我们可以很容易地获取无整周模糊度的星间单差相位观测值，其表达式如下：

$$\Delta\bar{L}^{j,n}_{i,(1,0,-1)}=\Delta L^{j,n}_{i,(1,0,-1)}-\lambda_{(1,0,-1)}\Delta\bar{N}^{j,n}_{i,(1,0,-1)}\tag{4.33}$$

式中，$\Delta\bar{L}^{j,n}_{i,(1,0,-1)}$ 表示无整周模糊度的星间单差宽巷相位观测值。

窄巷模糊度组合通常选择（1，0，0）组合，因此窄巷模糊度固定也称为 L1 频率模糊度固定，星间单差窄巷浮点模糊度可表示为：

$$\Delta\hat{N}^{j,n}_{i,(1,0,0)}=\left(\Delta L^{j,n}_{i,(1,0,0)}-\Delta\bar{L}^{j,n}_{i,(1,0,-1)}+(\gamma_{(1,0,0)}-\gamma_{(1,0,-1)})\cdot\Delta I^{j,n}_{i,1}\right)/\lambda_{(1,0,0)}\tag{4.34}$$

式中，$\Delta\hat{N}^{j,n}_{i,(1,0,0)}$ 表示星间单差窄巷浮点模糊度；$\Delta L^{j,n}_{i,(1,0,0)}$ 为星间单差窄巷相位观测值；$\gamma_{(1,0,0)}$ 为窄巷电离层尺度因子；$\lambda_{(1,0,0)}$ 为窄巷相位观测值的波长；对星间单差窄巷模糊度进行星间单差窄巷 UPD 改正后，通过取整可以得到星间单差窄巷整数模糊度，其表达式为：

$$\Delta\bar{N}^{j,n}_{i,(1,0,0)}=\mathrm{Round}[\Delta\hat{N}^{j,n}_{i,(1,0,0)}+\Delta b^{j,n,(1,0,0)}]\tag{4.35}$$

其中，

$$\begin{cases} \lambda_{(1,\,0,\,0)} = \left|\dfrac{c}{f_{E1}}\right| \approx 0.19\mathrm{m} \\ I_{NL} = (\gamma_{(1,\,0,\,0)} - \gamma_{(1,\,0,\,-1)}) \cdot \Delta I_{i,\,1}^{j} \\ \sigma_{NL} = \sqrt{\mu_{(0,\,1,\,-1)}^{2} + \mu_{(1,\,0,\,-1)}^{2}}\,\sigma_{L} \approx 0.009\mathrm{m} \end{cases} \tag{4.36}$$

式中，$\Delta\bar{N}_{i,\,(1,\,0,\,0)}^{j,\,n}$ 表示星间单差窄巷整数模糊度；$\Delta b^{j,\,n,\,(1,\,0,\,0)}$ 表示星间单差窄巷卫星 UPD 改正值；I_{NL} 表示窄巷模糊度所受的电离层残余误差；σ_{NL} 表示窄巷模糊度所包含的理论测量噪声，相比于窄巷波长，测量噪声对窄巷模糊度解算的影响可以忽略不计。因此，影响窄巷模糊度固定的误差主要也是电离层残余误差。

当超宽巷、宽巷和窄巷模糊度依次被固定后，我们可以将这些组合的整数模糊度转换到原始频率的整数模糊度，其表达式如下：

$$\begin{pmatrix} \Delta\bar{N}_{i,\,1}^{j,\,n} \\ \Delta\bar{N}_{i,\,2}^{j,\,n} \\ \Delta\bar{N}_{i,\,3}^{j,\,n} \end{pmatrix} = \begin{bmatrix} 0 & 0 & 1 \\ 1 & -1 & 1 \\ 0 & -1 & 1 \end{bmatrix} \begin{pmatrix} \Delta\bar{N}_{i,\,(0,\,1,\,-1)}^{j,\,n} \\ \Delta\bar{N}_{i,\,(1,\,0,\,-1)}^{j,\,n} \\ \Delta\bar{N}_{i,\,(1,\,0,\,0)}^{j,\,n} \end{pmatrix} \tag{4.37}$$

其中，$\Delta\bar{N}_{i,\,1}^{j,\,n}$、$\Delta\bar{N}_{i,\,2}^{j,\,n}$ 和 $\Delta\bar{N}_{i,\,3}^{j,\,n}$ 分别表示每个频率上的星间单差整数模糊度。这些整数模糊度可以作为约束条件，约束到非组合三频 PPP 浮点解的法方程，进而可以得到非组合 PPP 固定解，固定解 $\bar{X}$ 参数可以表示如下（Teunissen，1995）：

$$\bar{X} = \hat{X} - Q_{\hat{X}\hat{N}} Q_{\hat{N}}^{-1} (\hat{N} - \bar{N}) \tag{4.38}$$

4.3.4 多信息逐级模糊度固定方法

在 4.3.1~4.3.3 小节中，我们借鉴了经典的双差 TCAR/CIR 算法，并提出了适用于非组合 PPP 模糊度固定的三频逐级模糊度固定算法。其主要思想是按照先易后难的顺序依次逐级固定不同组合的模糊度，利用前一步的固定解的信息辅助和加速下一步的模糊度固定，通过快速确定三组线性组合的整数模糊度，进而来确定每个频率上的整数模糊度。然而，这种逐级模糊度固定的方法仅仅是利用观测值的线性组合来完成整数模糊度的确定，并未充分顾及模糊度之间的相关性，利用浮点解模糊度的相关信息，如浮点模糊度的方差-协方差矩阵。这也正是传统的双差 TCAR/CIR 算法与 LAMBDA 方法一直被争论、比较和讨论的原因（Teunissen et al.，2002；Feng，2008；Zhang，He，2016；何锡扬，2016）。实际上，无论是利用观测值的线性组合还是利用浮点模糊度的方差-协方差矩阵，模糊度固定的本质就是想要利用各类观测信息来确定出整数模糊度。因此，如果尽可能多地利用有效观测信息，将会更加有利于快速确定整数模糊度。为此，本小节将提出将非组合 PPP 逐级模糊度固定方法和 LAMBDA 算法归纳成一套统一的模糊度固定算法，称为多信息逐级模糊度固定方法。下面将给出 PPP 逐级模糊度固定和 LAMBDA 方法的主要融合过程：

第一步，按照序贯最小二乘的方法，可以得到非组合 PPP 三频浮点解，其相关表达式如下：

$$\boldsymbol{V} = \boldsymbol{B}\hat{\boldsymbol{X}} - \boldsymbol{L},\ \boldsymbol{P} \tag{4.39}$$

$$\hat{\boldsymbol{X}} = (\boldsymbol{B}^{\mathrm{T}}\boldsymbol{P}\boldsymbol{B})^{-1}(\boldsymbol{B}^{\mathrm{T}}\boldsymbol{P}\boldsymbol{L}) = \boldsymbol{N}^{-1}\boldsymbol{W} \tag{4.40}$$

式（4.39）为非组合 PPP 浮点解误差方程；式（4.40）为非组合 PPP 浮点解。

第二步，按照4.3节的方法依次固定各级模糊度，并将已固定的星间单差模糊度作为虚拟观测方程合理约束到非组合 PPP 浮点解的法方程和常数项中，以已固定的星间单差宽巷模糊度为例：

$$\Delta\overline{N}_{i,\ (1,\ 0,\ -1)}^{j,\ n} = a \tag{4.41}$$

$$\boldsymbol{V}_{\Delta N} = \boldsymbol{B}_{\Delta N}\hat{\boldsymbol{X}} - \boldsymbol{L}_{\Delta N},\ \boldsymbol{P}_{\Delta N} \tag{4.42}$$

式（4.41）为已固定的星间单差宽巷整数模糊度；式（4-42）为其虚拟误差方程。原浮点解的法方程和常数项变化为：

$$\boldsymbol{N}_1 = \boldsymbol{N} + \boldsymbol{B}_{\Delta N}^{\mathrm{T}}\boldsymbol{P}_{\Delta N}\boldsymbol{B}_{\Delta N} \tag{4.43}$$

$$\boldsymbol{W}_1 = \boldsymbol{W} + \boldsymbol{B}_{\Delta N}^{\mathrm{T}}\boldsymbol{P}_{\Delta N}\boldsymbol{L}_{\Delta N} \tag{4.44}$$

式中，$\boldsymbol{N}_1$ 为约束星间单差宽巷整数模糊度后的法方程；$\boldsymbol{W}_1$ 为约束星间单差宽巷整数模糊度后的法方程后的常数项。需要注意的是，由于各级模糊度固定的难易不同，约束后对最终固定解的改善和风险也不同。

第三步，从浮点参数和法方程 N_1 中分别提取每个频率上的星间单差非组合浮点模糊度 $\Delta\hat{N}_{i,\ (1,\ 0,\ 0)}^{j,\ n}$、$\Delta\hat{N}_{i,\ (0,\ 1,\ 0)}^{j,\ n}$ 和 $\Delta\hat{N}_{i,\ (0,\ 0,\ 1)}^{j,\ n}$ 以及对应的方差-协方差矩阵 $\boldsymbol{Q}$，并对星间单差非组合浮点模糊度施加 UPD 改正，其表达式如下：

$$\Delta\breve{N}_{i,\ (1,\ 0,\ 0)}^{j,\ n} = \Delta\hat{N}_{i,\ (1,\ 0,\ 0)}^{j,\ n} + \Delta b^{j,\ n,\ (1,\ 0,\ 0)} \tag{4.45}$$

$$\Delta\breve{N}_{i,\ (0,\ 1,\ 0)}^{j,\ n} = \Delta\hat{N}_{i,\ (0,\ 1,\ 0)}^{j,\ n} + \Delta b^{j,\ n,\ (0,\ 1,\ 0)} \tag{4.46}$$

$$\Delta \breve{N}_{i,(0,0,1)}^{j,n} = \Delta \hat{N}_{i,(0,0,1)}^{j,n} + \Delta b^{j,n,(0,0,1)} \tag{4.47}$$

第四步，将具有整数特性的星间单差非组合浮点模糊度和其方差-协方差矩阵代入 LAMBDA 过程，搜索出原始频率星间单差非组合整数模糊度 $\Delta \bar{N}_{i,(1,0,0)}^{j,n}$、$\Delta \bar{N}_{i,(0,1,0)}^{j,n}$ 和 $\Delta \bar{N}_{i,(0,0,1)}^{j,n}$。

第五步，将这些星间单差非组合整数模糊度作为虚拟观测方程约束到模糊度法方程 N_1 和常数项 W_1 中，并求解出固定解参数，其表达过程如下：

$$\boldsymbol{V}'_{\Delta N} = \boldsymbol{B}'_{\Delta N}\hat{\boldsymbol{X}} - \boldsymbol{L}'_{\Delta N},\ \boldsymbol{P}'_{\Delta N} \tag{4.48}$$

$$\bar{\boldsymbol{X}} = \boldsymbol{N}_2^{-1}\boldsymbol{W}_2 = (\boldsymbol{N}_1 + \boldsymbol{B}'^{\mathrm{T}}_{\Delta N}\boldsymbol{P}'_{\Delta N}\boldsymbol{B}'_{\Delta N})^{-1}(\boldsymbol{W}_1 + \boldsymbol{B}'^{\mathrm{T}}_{\Delta N}\boldsymbol{P}'_{\Delta N}\boldsymbol{L}'_{\Delta N}) \tag{4.49}$$

式（4.48）表示各频率上的星间单差非组合整数模糊度虚拟误差方程；式中的 $\bar{X}$ 为固定解参数。

4.3.5 双频/三频逐级模糊度固定比较

如图 4-1 所示，流程图总结了非组合 PPP 双频和三频逐级模糊度的主要过程，精密轨道和钟差产品是 PPP 双频和三频固定解的前提条件，在进行非组合双频或三频 PPP 浮点解前，都需正确进行数据预处理和周跳探测。双频或三频 UPD 产品可按第 3 章的方法进行估计，若没有密集参考站内插高精度电离层延迟改正或高精度区域电离层模型，可利用非组合 PPP 双频或三频浮点解估计出的电离层参数，来改正电离层残余误差。需要注意的是，前半部分超宽巷-宽巷-窄巷逐级模糊度固定的过程中，模糊度固定的时间和正确率很大程度上依赖于电离层的残余误差的改正，若无高精度电离层信息，窄巷模糊度正确固定通常需要很长时间，因此，在实际的解算过程中，可根据用户能够获取电离层信息的精度，来综合判断用宽巷模糊度或窄巷模糊度约束浮点解法方程。

结合流程图可进一步分析，相比于非组合 PPP 双频固定解，三频固定解主要具备四点优势：第一，在周跳探测过程中，利用三频观测值进行周跳探测的效率和准确率更高（Zhang，Li，2016）。第二，在浮点解解算的过程中，三频 PPP 利用了额外的观测值，这有助于浮点参数的快速收敛和精度提高。第三，在逐级模糊度固定的过程中，三频固定解中的超宽巷-宽巷逐级策略比双频固定解中 HMW 宽巷策略具有更低的测量噪声，可加快模糊度搜索。第四，LAMBDA 搜索过程中，三频观测量可形成更丰富的线性组合，改善模糊度搜索空间。

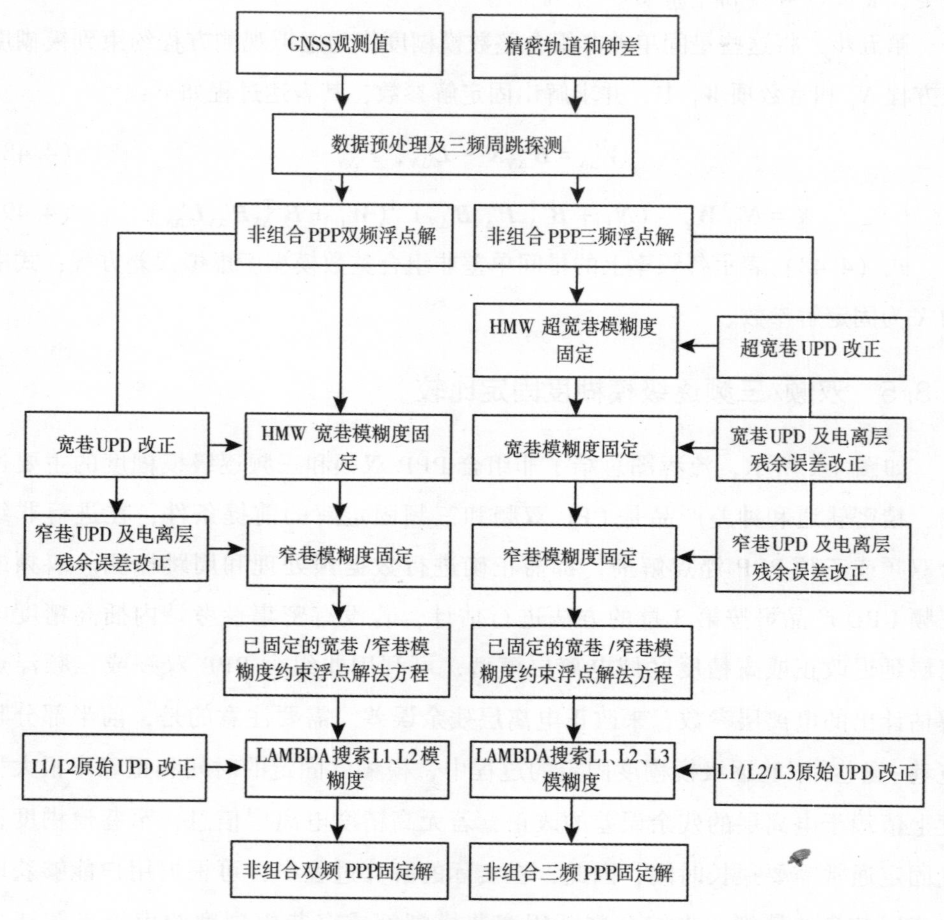

图 4-1　双频和三频非组合 PPP 逐级模糊度固定过程流程图

4.4　双频/三频非组合 PPP 固定解性能研究

本小节通过利用 Galileo 数据进行实验，验证非组合 PPP 多信息逐级模糊度固定方法。4.4.1 小节介绍所采用的实验数据、PPP 处理策略以及 Galileo UPD

的特性。4.4.2 小节比较和讨论 Galileo 双频和三频非组合 PPP 浮点解定位性能。4.4.3 小节比较和讨论 Galileo 双频和三频非组合 PPP 固定解性能。

4.4.1 Galileo UPD 估计与 PPP 处理策略

UPD 估计是 PPP 整数模糊度固定的前提条件。在本实验中，我们使用第 3 章 UPD 估计策略直接估计 Galileo 每个频率上的原始 UPD，这样就可以很容易地形成任意组合的 UPD，如 EWL 和 WL UPD。如图 4-2 所示，本实验将采用 2018 年第 201 天的 166 个 MGEX 测站的观测数据作为服务端来估计 Galileo 三频原始 UPD，利用 28 个 MGEX 测站的观测数据作为用户端来研究非组合 PPP 的定位性能，并以 IGS SINEX 格式的坐标周解作为参考坐标。本次实验采用 Galileo L1、L5 和 L7 载波相位观测值及其伪距观测值，如表 4-1 所示，其分别对应 Galileo E1、E5a 和 E5b 频率。Galileo 各频率载波相位观测值先验标准差取 3mm，各频率伪距观测值先验标准差取 3cm（Laurichesse，Banville，2018），并采用高度角加权策略。采用由 GFZ 提供的采样率分别为 5min 和 30s 的精密轨道和钟差产品。Galileo 卫星 PCO/PCV 用 IGS14 天线改正文件。由于目前缺乏 Galileo 测站 PCO/PCV 改正，因此，用对应的 GPS 测站 PCO/PCV 作为近似值。表 4-2 给出了有关 Galileo 非组合 PPP 更详细的处理策略。

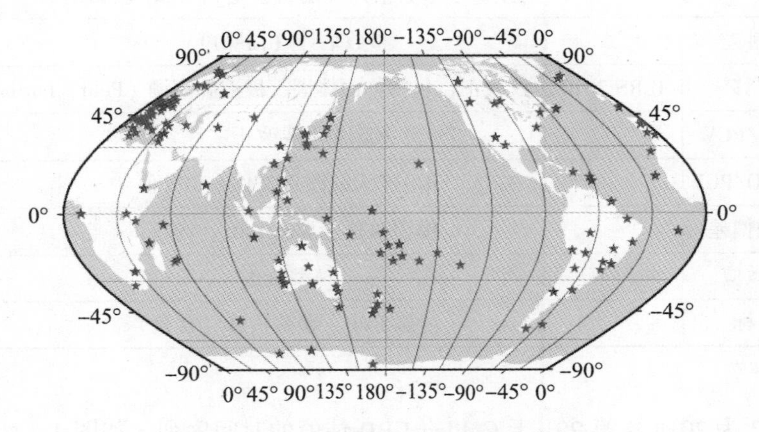

图 4-2　Galileo 参考站和用户站分布

表 4-1　**Galileo 频率信号及其载波相位和伪距观测值**

GNSS 系统	频率（MHz）	载波相位	伪距
Galileo	E1/1575.42	L1C/L1X	C1C/C1X
	E5a/1176.45	L5X/L5Q	C5X/C5Q
	E5b/1207.140	L7X/L7Q	C7X/C7Q
	E5/1191.795	L8X/L8Q	C8X/C8Q
	E6/1278.75	L6C/L6X	C6C/C6X

表 4-2　**Galileo 非组合 PPP 处理策略**

项　目	策　略
估计器	序贯最小二乘
观测值	原始频率伪距和相位观测值
频率	Galileo：E1/E5a/E5b
数据采用率	30s
截止高度角	15°
观测值权	高度角加权
电离层延迟	参数估计（随机游走）
对流层延迟	干分量：Saastamoinen 模型改正（Saastamoinen，1972）
	湿分量：参数估计（随机游走），GMF 投影函数
接收机钟差	参数估计（白噪声）
测站位移	IERS 2010 协议改正，包括：固体潮、极潮和海潮（Petit，Luzum，2010）
卫星 PCO/PCV	IGS14 天线改正文件
接收机 PCO/PCV	IGS14 天线改正文件：GPS 值
相位缠绕偏差	模型改正（Wu et al.，1993）
相对论效应	模型改正
测站坐标	静态 PPP：参数估计（常量）

图 4-3 为 2018 年第 201 天 Galileo UPD 估值的时间序列。如图 4-3 所示，（1，0，0）、（0，1，0）和（0，0，1）UPD 分别表示 Galileo E1、E5a 和 E5b 原始频率 UPD 估值，（0，1，-1）和（1，0，-1）分别表示利用相应原始频率 UPD 估值形

成的超宽巷和宽巷 UPD。实际上，利用原始频率 UPD 可以形成任意需要的组合 UPD。由图 4-3 可以看出，超宽巷 UPD 最稳定，可以在一天之内保持稳态，这主要是由于超宽巷相位观测值具相当长的波长（约 9.77m），而且超宽巷模糊度可以消除几何距离误差和一些大气误差。尽管宽巷 UPD 也具有类似于超宽巷 UPD 的特性，但其相对短的波长（约 0.81m）使其更容易受测量噪声和多路径的误差的影响，使得宽巷 UPD 不如超宽巷 UPD 稳定。原始频率 UPD 不稳定主要是由于其波长较短并且不能消除几何距离误差和大气误差。因此，原始频率 UPD 更适合实时估计和实时播发。

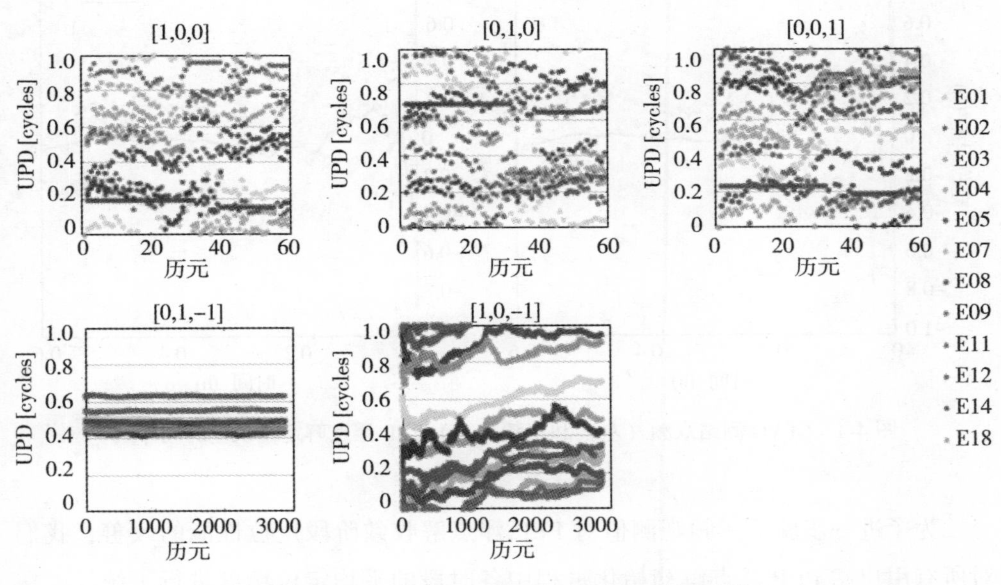

图 4-3 2018 年第 201 天 Galileo UPD 时间序列

4.4.2 双频/三频 PPP 浮点解性能

为了研究三频观测值在 PPP 浮点解收敛阶段的贡献，如图 4-4 所示，其展示了 2018 年第 201 天 CPVG 测站解算的 Galileo 双频和三频 PPP 浮点解定位误差的时间序列（前 0.6h）。从图 4-4 中可以看出，即使目前单历元可视的 Galileo 卫星数量只有 6 颗，相比双频 PPP 浮点解，三频 PPP 浮点解的定位精度有了明显的提高，尤其是前 12minE 方向的定位精度，经过前几个历元的解算，三频 PPP 浮点解在 E 方向定位精度可达 0. 6m 左右，而双频 PPP 浮点解在 E 方向定位精度约为 1m。在 5~6min 解算时段，三频 PPP 浮点解在 N 方向上的定位精度约 0. 1~0. 2m，而双频 PPP 浮点解在 N 方向上的定位精度约 0. 1~0. 2m。在 12~24min 解算时段，三频 PPP 浮点解在 U 方向定位精度可达 0~0. 1m，而双频 PPP 浮点解在 U 方向的定位精度约为 0. 1~0. 2m。因此，利用三频观测值可以显著提高 PPP 浮点解在收敛阶段的定位精度。

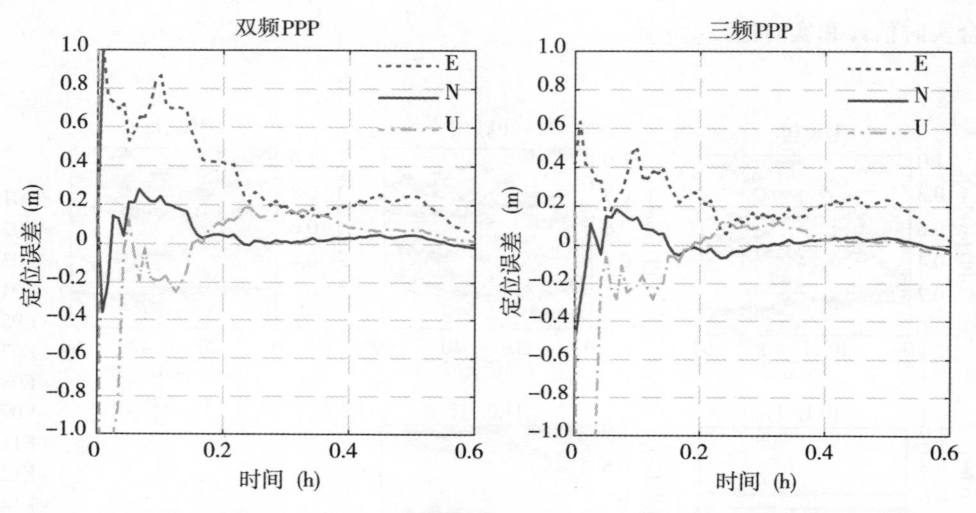

图 4-4　GPVG 测站双频（左）和三频（右）PPP 浮点解定位误差时间序列

为了进一步验证三频观测值对 PPP 浮点解收敛阶段定位性能的改善，我们对所有用户站 PPP 浮点解初始化过程中各时段的平均定位精度进行了统计。在本研究中，收敛时间定义为连续 5 个历元各方向定位精度优于 10cm 的时间。图 4-5 统计了双频和三频 PPP 浮点解在 5min、10min、20min、25min 和 30min 时各方向平均定位精度。从图 4-5 中可以看出，在浮点解初始化阶段的每个时段上，相比双频 PPP，三频 PPP 在三个方向上的定位精度均有提高。在 20~30min 时段，定位精度提高的最为显著，水平方向提高约为 10%~ 15%，垂直方向提高约为 6%~7%。Galileo 三频 PPP 浮点解的平均收敛时间约为 30min，该时刻与双频 PPP 浮点解相比定位精度提高了约 10%。

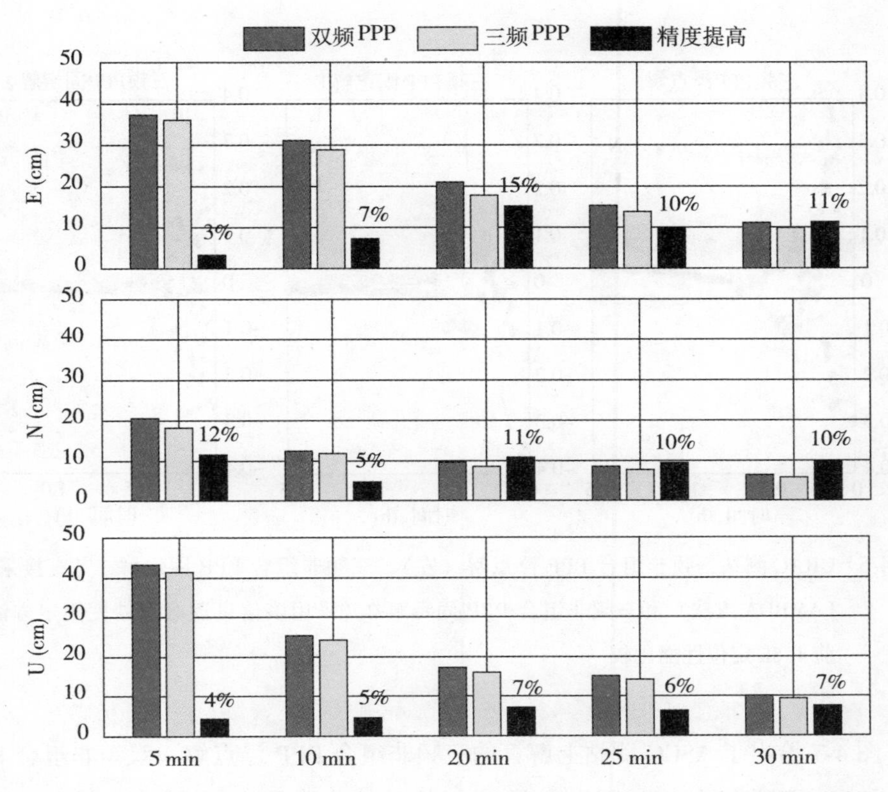

图 4-5　双频和三频 PPP 浮点解在初始化各时段 E、N 和 U 方向上平均定位偏差

4.4.3　双频/三频 PPP 固定解性能

在比较双频/三频 PPP 固定解之前，首先对 4.3 节提出的多信息逐级模糊度固定方法进行验证。图 4-6 分别展示了三种 PPP 解的定位效果，分别是三频非组合 PPP 浮点解、三频非组合 PPP 固定解 1 和三频非组合 PPP 固定解 2。固定解 1 和固定解 2 的区别是：固定解 2 采用 4.3 节中提出的多信息逐级模糊度固定方法进行解算，而固定解 1 没有用到逐级模糊固定的信息约束浮点解法方程，直接采用 LAMBDA 方法搜索 E1/E5a/E5b 三个频率上的整数模糊度。如图 4-6 所示，虽然与三频 PPP 浮点解相比，两种三频 PPP 固定解的定位精度均有显著提高，但是，固定解 2 的首次固定时间和定位精度均优于固定解 1。如图 4-6 所示，固定解 1 首次固定时间约为 30min，而固定解 2 的首次固定时间约仅为 16min，缩短

约 46.7%。

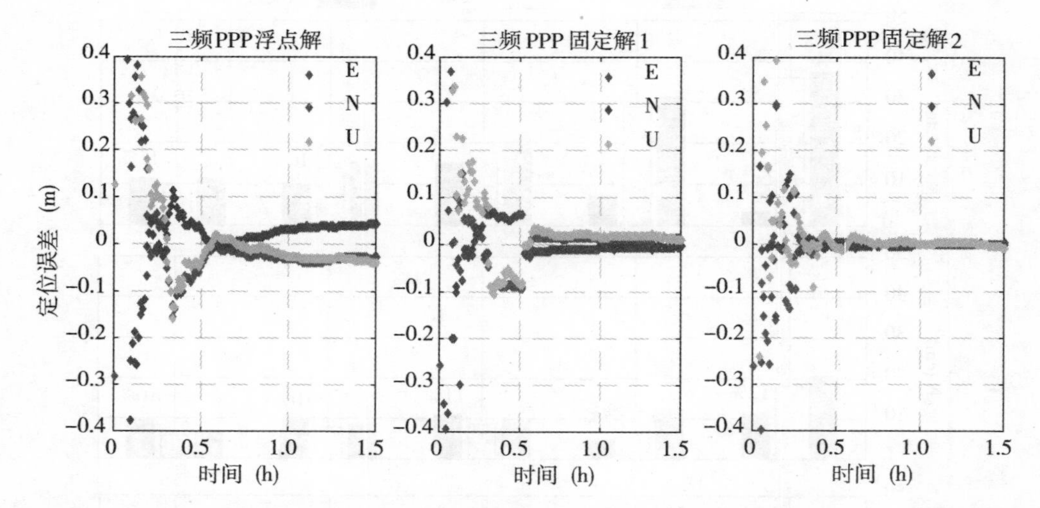

图 4-6 GRAC 测站三频非组合 PPP 浮点解（左）、三频非组合 PPP 固定解 1（直接采用 LAMBDA 方法）和三频非组合 PPP 固定解 2（采用多信息逐级模糊度固定方法）前 1.5h 定位性能比较

图 4-7 给出了 ASCG 测站上解算的三频非组合 PPP 浮点解、双频非组合 PPP 固定解和三频非组合 PPP 固定解在 E、N 和 U 方向上前 180 历元定位偏差。由于并不是所有模糊度都能被同时固定，部分模糊度固定策略在解算过程中被应用（Cao et al.，2007；Wang，Feng，2013；Li，Zhang，2015；李盼，2016）。如图 4-7 所示，在 PPP 解算前 30min 初始化的过程中，三频 PPP 固定解定位精度明显比三频 PPP 浮点解精度高，具有瞬时精密定位的潜力。相比双频 PPP 固定解，三频 PPP 固定解在首次固定时间和定位精度两方面均有提高。在 E 方向上，双频 PPP 固定解需要大约 27min 的首次固定时间，而三频 PPP 固定解仅需要 20min 左右的首次固定时间。在 N 方向上，三频 PPP 浮点解，双频 PPP 固定解和三频 PPP 固定解收敛均比较快，但对比双频 PPP 固定解，三频 PPP 固定解首次固定时间仍然更快。在 U 方向上，虽然双频和三频 PPP 固定解的收敛过程和趋势比较接近，但三频 PPP 固定解的定位精度和固定成功率更高。

为了进一步研究双频 PPP 固定解和三频 PPP 固定解首次固定时间，利用额外的 6 个测站进行统计分析。图 4-8 表示 CEDU、IISC、KIRU、MAYG、NKLG、

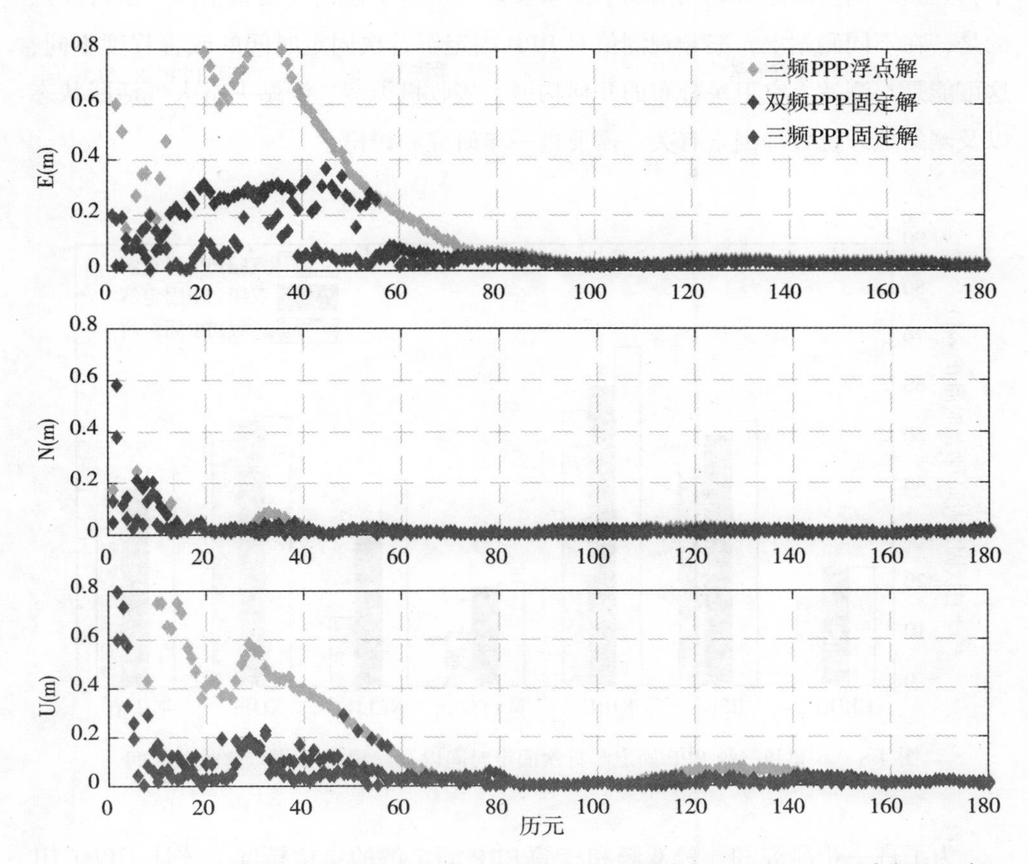

图 4-7 ASCG 测站静态解算模式下前 180 历元三频 PPP 浮点解、双频 PPP 固定解和三频 PPP 固定解定位偏差时间序列

XIMS 等 6 个测站双频和 PPP 固定解首次固定时间及其平均值，三频 PPP 浮点解的收敛时间作为实验对照。由不同用户站的定位结果可以明显看出，三频 PPP 固定解的首次固定时间比双频 PPP 固定解首次固定时间更短，并且也比三频 PPP 浮点解的收敛时间短。平均统计结果显示，双频 PPP 固定解首次固定时间约为 20min，而三频 PPP 固定解的首次固定时间约为 16min，比双频 PPP 固定解首次固定时间缩短了 20%，比三频 PPP 浮点解收敛时间缩短了 27.2%。三频 PPP 固定解收敛更快的原因主要有两点：第一，在浮点解参数估计的过程中，额外观测值的利用使得三频浮点解比双频浮点解收敛得更快。第二，在模糊度固定过程

中，三频观测值的逐级利用削弱了测量噪声，改善了模糊度搜索空间。值得注意的是，在不同测站上，三频观测值对PPP固定解首次固定时间的改善程度不同，这可能是与测站上空卫星分布的几何构型、接收机类型、测站上空大气活跃状态以及测站地理位置等因素有关，需要进一步研究和讨论。

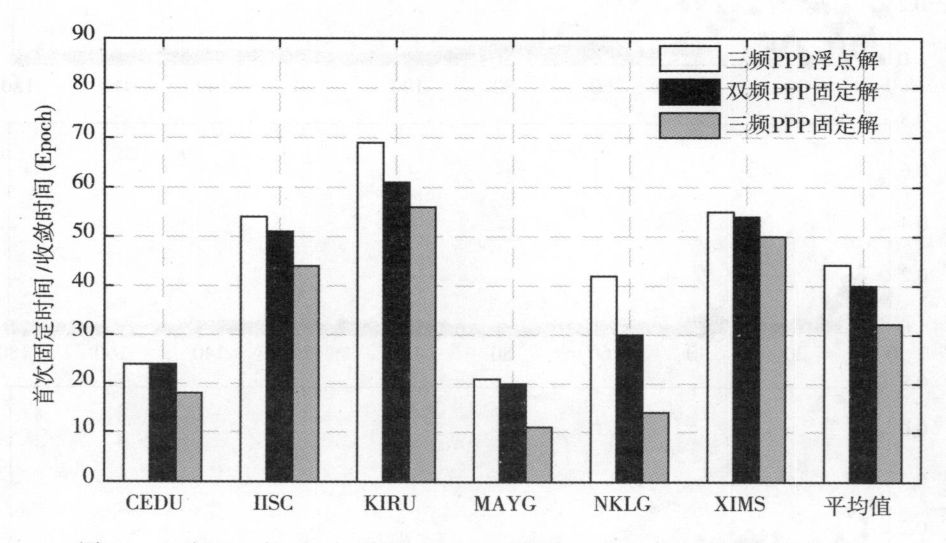

图4-8　双频和三频PPP固定解首次固定时间以及三频PPP浮点解收敛时间

为了进一步研究和比较双频和三频PPP固定解的定位精度，统计了以上用户测站在2h观测下三频PPP浮点解、双频PPP固定解和三频PPP固定解的定位偏差，如图4-9所示。由图4-9可知，在2h观测下，目前Galileo三频PPP定位精度，E方向可达2~4cm，N方向可达1~3cm，U方向可达2~7cm。相较于三频PPP浮点解和双频PPP固定解，三频PPP固定解定位精度最高。表4-3进一步统计了2h观测下三频PPP浮点解、双频PPP固定解和三频PPP固定解定位偏差的RMS。相较于双频PPP固定解，三频PPP固定解在E、N、U三个方向上的定位精度分别提高了39.3%、28.6%和23.7%；相较于三频PPP浮点解，其在E、N、U三个方向上的定位精度分别提高了52.8%、37.5%、和37.0%。

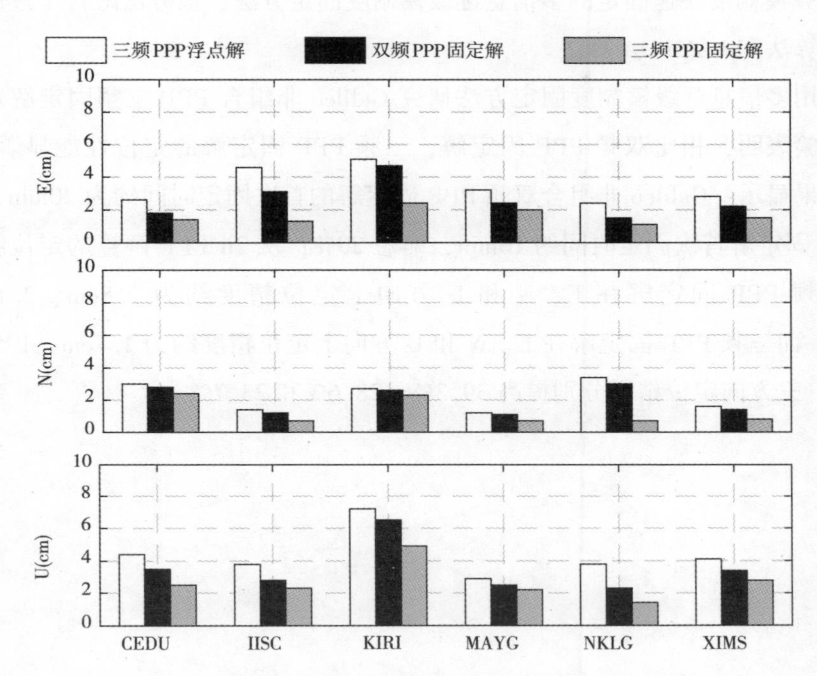

图 4-9　2 各测站 2h 双频和三频 PPP 固定解以及三频 PPP 浮点解在 E、N 和 U 方向上的定位偏差

表 4-3　**2h 双频和三频 PPP 固定解以及三频 PPP 浮点解在 E、N 和 U 方向上的定位偏差 RMS（单位：cm）**

	三频 PPP 浮点解	双频 PPP 固定解	三频 PPP 固定解
E	3.6	2.8	1.7
N	2.4	2.1	1.5
U	4.6	3.8	2.9

4.5　本章小结

本章总结了经典的三频 TCAR/CIR 双差模糊度固定方法和经典的双频 PPP 宽巷/窄巷模糊度固定方法，借鉴传统的模糊度固定方法，提出了适合于非组合

PPP 多频模糊度快速固定的多信息逐级模糊度固定方法，该方法融合了逐级模糊度固定算法和 LAMBDA 算法。

利用多信息逐级模糊度固定方法研究 Galileo 非组合 PPP 三频固定解定位性能。实验表明，相比双频 PPP 固定解，三频 PPP 固定解的定位性能显著提高。统计结果显示：Galileo 非组合双频 PPP 固定解的首次固定时间约为 20min，而三频 PPP 固定解首次固定时间约 16min，缩短 20%；从 2h PPP 解算的定位结果来看，双频 PPP 固定解在 E、N 和 U 方向上定位精度约为 2. 8cm、2. 1cm 和 3. 8cm，而三频 PPP 固定解在 E、N 和 U 方向上定位精度约为 1. 7cm、1. 5cm 和 2. 9cm，三方向定位精度分别提高 39. 3%、28. 6%和 23. 7%。

第5章　多频非组合PPP绝对卫星偏差统一改正方法

前面几章已经研究了多频非组合原始相位偏差的估计方法和多频非组合PPP模糊度快速固定方法。多频观测值虽然可以缩短非组合PPP固定解的首次固定时间并提高其定位精度，但是在利用额外频率观测值的同时，也会带来额外频率的偏差。这对多频PPP统一数据处理提出了新的挑战。因此，如何有效地统一地处理多频非组合PPP中的偏差，并分析其对多频非组合PPP固定解的影响是本章节研究的重点。

5.1　引言

实现多频非组合PPP固定解的前提条件，必须要精确改正每个频率上的伪距偏差和相位偏差。伪距和相位偏差分为卫星端偏差和接收机端偏差，一般来说，只需要处理卫星端偏差，接收机端的偏差可以通过星间单差方法予以消除，不影响PPP固定解的性能（Ge et al.，2008）。因此，目前PPP固定解中对偏差的研究主要集中在卫星偏差的处理上。

原始频率上的卫星伪距码偏差（Satellite Code Bias，SCB）由于参数的估计时的秩亏性很难利用非组合PPP模型直接估计出，只能利用电离层信息和无几何伪距观测量解算出各频率伪距偏差的差值，通常被称为差分码偏差（DCB）。DCB的类型通常包括各观测值频率内码偏差，如GPS P1-C1、C1C-C1W或C2W-C2X等，以及各观测值频率间码偏差，如GPS P1-P2、C1W-C2W和C1C-C5Q等（Schaer，2008；Montenbruck et al.，2014；Wang et al.，2016；任晓东，2017）。当PPP用户使用的观测值类型不同于精密卫星钟差产品的参考频率信号时，应使用相应的DCB产品对卫星伪距码偏差进行一致性校正（Montenbruck and Hauschild，2013）。郭斐等研究了DCB对BDS PPP的影响，结果表明：虽然DCB对PPP的影响可以随着时间的推移而减小，并且改正与不改正DCB对PPP收敛后的定位精度影响不大，但不改正DCB可能会影响PPP的收敛时间（Guo et al.，2015）。然而，他们的研究仅限于双频PPP浮点解，没有定量讨论SCB对多频PPP或PPP固定解的影响。此外，目前IGS偏差和校准工作组（IGS Bias and Calibration Working Group，BCWG）没有推荐DCB产品的标准选择和改正方法（Wang et al.，2016）。因此，需要研究一套统一的多频SCB改正方法（Schaer，2012）。

原始频率的卫星相位偏差（Satellite Phase Biases，SPB）包含与时间相关的偏差和与时间无关的偏差（Montenbruck et al.，2010；Guo，Geng，2018）。随时间变化的卫星相位偏差会随着太阳、卫星和地球之间的几何形状的变化而产生周期性变化（Montenbruck et al.，2011）。通常情况下，在进行双频（L1/L2）非组合PPP解算时，时变卫星相位偏差可以和IGS卫星钟差产品中的时变相位偏差抵消，从而不影响定位结果。然而，当使用额外的L5相位观测数据进行三频非组合PPP解算时，L5频率上的时变卫星相位偏差无法被IGS精密时钟产品中的时变相位偏差抵消。因此，需要进一步考虑L5频率时变相位偏差与L1/L2 IGS精密时钟产品中时变相位偏差之间的不一致性。这种不一致性通常被称为与相位有关的频间钟偏差（Phase-Specific Inter-Frequency Clock Bias，IFCB or PIFCB）（Pan et al.，2018）。目前已有研究表明，与未进行IFCB改正的GPS三频PPP浮点解相比，经IFCB改正的GPS三频PPP浮点解可以显著提高定位精度，并缩短收敛时间（Li et al.，2016；Pan et al.，2017；Zhao et al.，2017；Guo，Geng，2018），然而，目前还没有有关IFCB对PPP固定解影响的研究。

与时间变化无关的卫星相位偏差通常被称为卫星相位延迟（Uncalibrated Phase Delays，UPD）或卫星相位偏差（Satellite Phase Bias，SPB），在进行非组合浮点PPP解算时，每个频率上的SPB会被分别吸收到相应的浮点模糊度参数中（Zhang et al.，2011）。经典的SPB改正方法通常是在用户端进行PPP模糊度固定时，直接应用SPB产品对浮点模糊度参数进行校正（Ge et al.，2008）。然而，当使用该方法改正SPB时，SPB产品的形式通常取决于浮点模糊度的形式。因此，有必要研究更统一的 SPB 校正方法和相应的文件格式，可以适用于各种不同的 PPP 模型。

综上，本章节主要研究一种统一的卫星伪距偏差和相位偏差改正方法以及相对应的偏差文件格式。此外，还探讨 IFCB 和 SCB 对 GPS 三频非组合 PPP 固定解性能的影响。5.2 节推导同时顾及时变与时不变卫星偏差的三频非组合 PPP 模型。5.3 节提出适用于三频非组合 PPP 的 SCB、SPB 和 IFCB 统一改正方法。5.4 节研究 SCB 和 IFCB 对 GPS 三频 PPP 固定解的影响。5.5 节对本章做出总结。

5.2 顾及时变与时不变卫星偏差的三频非组合 PPP 模型

根据式（2.1），同时顾及时变与时不变伪距和相位偏差的原始频率伪距和载波相位观测方程可拓展成如下表达式：

$$P_{r,n}^{s} = \rho_{r}^{s} + t_{r} - t^{s} + I_{r,n}^{s} + T_{r}^{s} + (d_{r,n} + \Delta d_{r,n}) - (d_{n}^{s} + \Delta d_{n}^{s}) + \varepsilon_{r,n}^{s} \tag{5.1}$$

$$L_{r,n}^{s} = \rho_{r}^{s} + t_{r} - t^{s} - I_{r,n}^{s} + T_{r}^{s} + \lambda_{n} \cdot N_{r,n}^{s} + \lambda_{n} \cdot (b_{r,n} + \Delta b_{r,n}) - \lambda_{n}(b_{n}^{s} + \Delta b_{n}^{s}) + \xi_{r,n}^{s} \tag{5.2}$$

式中，$d_{r,n}$ 和 $\Delta d_{r,n}$ 分别表示与时间无关和与时间相关的接收机端伪距偏差；d_{n}^{s} 和 Δd_{n}^{s} 分别表示与时间无关和与时间相关的卫星端伪距偏差；$b_{r,n}$ 和 $\Delta b_{r,n}$ 分别表示与时间无关和与时间有关的接收机端相位偏差；b_{n}^{s} 和 Δb_{n}^{s} 分别表示与时间无关和与时间相关的卫星端相位偏差；其余符号同式（2.1）。

通常情况下，与时间相关的伪距偏差远小于伪距测量噪声，而与时间相关的接收机端相位偏差可被接收机钟差吸收，在 PPP 模糊度固定时可通过星间单差消除其影响，因此这两种偏差可以忽略不计（Guo et al.，2015；Pan et al.，2018）。根据式（5.1）和式（5.2），三频非组合 PPP 观测方程可简化如下（以 GPS 卫星频率信号为例）：

$$\begin{cases} P_{r,1}^{s} = \rho_{r}^{s} + t_{r} - t^{s} + \gamma_{1} \cdot I_{r,1}^{s} + T_{r}^{s} + d_{r,1} - d_{1}^{s} + \varepsilon_{r,1}^{s} \\ P_{r,2}^{s} = \rho_{r}^{s} + t_{r} - t^{s} + \gamma_{2} \cdot I_{r,1}^{s} + T_{r}^{s} + d_{r,2} - d_{2}^{s} + \varepsilon_{r,2}^{s} \\ P_{r,5}^{s} = \rho_{r}^{s} + t_{r} - t^{s} + \gamma_{5} \cdot I_{r,1}^{s} + T_{r}^{s} + d_{r,5} - d_{5}^{s} + \varepsilon_{r,5}^{s} \end{cases} \tag{5.3}$$

$$\begin{cases} L_{r,1}^{s}=\rho_{r}^{s}+t_{r}-t^{s}-\gamma_{1}\cdot I_{r,1}^{s}+T_{r}^{s}+(N_{r,1}^{s}+b_{r,1}-b_{1}^{s})-\Delta b_{1}^{s}+\xi_{r,1}^{s} \\ L_{r,2}^{s}=\rho_{r}^{s}+t_{r}-t^{s}-\gamma_{2}\cdot I_{r,1}^{s}+T_{r}^{s}+(N_{r,2}^{s}+b_{r,2}-b_{2}^{s})-\Delta b_{2}^{s}+\xi_{r,2}^{s} \\ L_{r,5}^{s}=\rho_{r}^{s}+t_{r}-t^{s}-\gamma_{5}\cdot I_{r,1}^{s}+T_{r}^{s}+(N_{r,5}^{s}+b_{r,5}-b_{5}^{s})-\Delta b_{5}^{s}+\xi_{r,5}^{s} \end{cases} \tag{5.4}$$

式中，$P_{r,1}^{s}$、$P_{r,2}^{s}$和$P_{r,5}^{s}$分别表示L1、L2和L5频率上的伪距观测值；$L_{r,1}^{s}$、$L_{r,2}^{s}$和$L_{r,5}^{s}$为相应的相位观测值；其余符号同上式。IGS精密钟差产品解算通常利用L1/L2无电离层伪距和相位观测值，因此，精密钟差产品中包含的与时间无关和与时间相关的偏差可表达为：

$$\bar{t}^{s}=t^{s}-(d_{IF_{12}}^{s}+\Delta b_{IF_{12}}^{s}) \tag{5.5}$$

其中：

$$\begin{cases} \alpha_{12}=f_{1}^{2}/(f_{1}^{2}-f_{2}^{2}) \\ \beta_{12}=-f_{2}^{2}/(f_{1}^{2}-f_{2}^{2}) \\ d_{IF_{12}}^{s}=\alpha_{12}\cdot d_{1}^{s}+\beta_{12}\cdot d_{2}^{s} \\ \Delta b_{IF_{12}}^{s}=\alpha_{12}\cdot\Delta b_{1}^{s}+\beta_{12}\cdot\Delta b_{2}^{s} \end{cases} \tag{5.6}$$

式中，$\bar{t}^{s}$表示IGS精密钟差产品；$d_{IF_{12}}^{s}$表示与时间无关的无电离层组合的卫星伪距偏差；$\Delta b_{IF_{12}}^{s}$表示与时间相关的无电离层组合卫星相位偏差；α_{12}和β_{12}表示无电离层组合因子。将精密钟差产品代入观测方程中的卫星钟差参数，根据S变换理论（Odijk et al.，2016），满秩的线性观测方程可重构规整为：

$$\begin{cases} \bar{P}_{r,1}^{s}=\mu\cdot X+t_{r,12}+\gamma_{1}\cdot\bar{I}_{r,1}^{s}+m_{r}^{s}\cdot \mathrm{zwd}_{r}+\Delta b_{1}^{s}+\varepsilon_{r,1}^{s} \\ \bar{P}_{r,2}^{s}=\mu\cdot X+t_{r,12}+\gamma_{2}\cdot\bar{I}_{r,1}^{s}+m_{r}^{s}\cdot \mathrm{zwd}_{r}+\Delta b_{2}^{s}+\varepsilon_{r,2}^{s} \\ \bar{P}_{r,5}^{s}=\mu\cdot X+t_{r,12}+\gamma_{5}\cdot\bar{I}_{r,1}^{s}+m_{r}^{s}\cdot \mathrm{zwd}_{r}+IFB_{r}^{s}+\gamma_{5}\cdot\beta_{12}\cdot \\ \qquad(\Delta b_{1}^{s}-\Delta b_{2}^{s})+\Delta b_{IF_{12}}^{s}+\varepsilon_{r,5}^{s} \end{cases} \tag{5.7}$$

$$\begin{cases} \bar{L}_{r,1}^{s}=\mu\cdot X+t_{r,12}-\gamma_{1}\cdot\bar{I}_{r,1}^{s}+m_{r}^{s}\cdot \mathrm{zwd}_{r}+\bar{N}_{r,1}^{s}+\xi_{r,1}^{s} \\ \bar{L}_{r,2}^{s}=\mu\cdot X+t_{r,12}-\gamma_{2}\cdot\bar{I}_{r,1}^{s}+m_{r}^{s}\cdot \mathrm{zwd}_{r}+\bar{N}_{r,2}^{s}+\xi_{r,2}^{s} \\ \bar{L}_{r,5}^{s}=\mu\cdot X+t_{r,12}-\gamma_{5}\cdot\bar{I}_{r,1}^{s}+m_{r}^{s}\cdot \mathrm{zwd}_{r}+\bar{N}_{r,5}^{s}+\mathrm{IFCB}^{s}+\xi_{r,5}^{s} \end{cases} \tag{5.8}$$

其中：

$$
\begin{cases}
\mathrm{DCB}_{r,12} = d_{r,2} - d_{r,1}, \ \mathrm{DCB}^{s,12} = d_2^s - d_1^s \\
d_{r,IF_{12}} = \alpha_{12} d_{r,1} + \beta_{12} d_{r,2}, \\
\bar{I}_{r,1}^s = I_{r,1}^s - \beta_{12}(\mathrm{DCB}_{r,12} - \mathrm{DCB}^{s,12} + \Delta b_1^s - \Delta b_2^s) \\
t_{r,12} = t_r + d_{r,IF_{12}} \\
\bar{N}_{r,1}^s = -\gamma_1 \cdot \beta_{12} \cdot (\mathrm{DCB}_{r,12} - \mathrm{DCB}^{s,12}) - d_{r,IF_{12}} + d_{IF_{12}}^s + \lambda_1 \cdot (N_{r,1}^s + b_{r,1} - b_1^s) \\
\bar{N}_{r,2}^s = -\gamma_2 \cdot \beta_{12} \cdot (\mathrm{DCB}_{r,12} - \mathrm{DCB}^{s,12}) - d_{r,IF_{12}} + d_{IF_{12}}^s + \lambda_2 \cdot (N_{r,2}^s + b_{r,2} - b_2^s) \\
\bar{N}_{r,5}^s = -\gamma_5 \cdot \beta_{12} \cdot (\mathrm{DCB}_{r,12} - \mathrm{DCB}^{s,12}) - d_{r,IF_{12}} + d_{IF_{12}}^s + \lambda_5 \cdot (N_{r,5}^s + b_{r,5} - b_5^s) \\
IFB_r^s = \gamma_5 \cdot \beta_{12} \cdot (\mathrm{DCB}_{r,12} - \mathrm{DCB}^{s,12}) - d_{r,IF_{12}} + d_{IF_{12}}^s + d_{r,5} - d_5^s \\
\mathrm{IFCB}^s = \Delta b_{IF_{12}}^s - \Delta b_5^s + \gamma_5 \cdot \beta_{12} \cdot (\Delta b_1^s - \Delta b_2^s)
\end{cases}
\tag{5.9}
$$

式中，$\bar{P}$ 和 $\bar{L}$ 代表伪距和相位 OMC（Observation Minus Computed）值；μ 表示三维坐标系数；X 表示测站的三维坐标；$t_{r,12}$ 表示 L1/L2 无电离层组合接收机钟差；$\mathrm{DCB}_{r,12}$ 和 $\mathrm{DCB}^{s,12}$ 分别表示接收机端和卫星端 L1/L2 DCB；$\bar{I}_{r,1}^s$ 表示 L1 频率上的电离层延迟，其吸收了 L1/L2 频率 DCB 和与时间相关的卫星相位偏差；zwd_r 表示天顶方向对流层湿延迟，m_r^s 表示对应的投影函数；IFB_r^s 表示与时间无关的频率间伪距偏差；$\bar{N}_{r,1}^s$、$\bar{N}_{r,2}^s$ 和 $\bar{N}_{r,3}^s$ 表示每个频率重构后的浮点模糊度；IFCB^s 表示与时间相关的频间钟偏差。

5.3 绝对卫星偏差统一改正方法

针对 5.2 节推导出的三频非组合 PPP 观测方程中的卫星偏差项，本节提出相对应的统一的卫星偏差改正方法，包括卫星伪距偏差（码偏差）、卫星相位偏差。

5.3.1 绝对卫星伪距偏差改正方法

根据上文的讨论，卫星伪距偏差改正实际上就是利用卫星 DCB 产品改正与时间无关的卫星伪距偏差。目前 DCB 产品主要有两类，一类是基于 RINEX 2 格式观测文件生成，由 CODE 分析中心发布的 P1-P2、P1-C1 和 P2-C2 等类型的 DCB 产品，主要针对双频 GPS/GLONASS 卫星伪距偏差改正；另一类是基于 RINEX 3 格式观测文件生成，由 IGG/DLR/CODE 等分析中心发布的多频多系统 DCB 产品，主要针对多频多系统卫星伪距偏差改正。表 5-1 总结了目前主要的 DCB 产品类型（以 GPS 卫星为例）。

表 5-1　**GPS 卫星 DCB 产品**

GNSS 观测文件格式	伪距偏差类型	DCB 类型	发布机构
GPS RINEX 2	频间码偏差	P1-P2	CODE
	频内码偏差	P1-C1	
		P2-C2	
GPS RINEX 3	频间码偏差	C1W-C2W	IGG/DLR/CODE
		C1C-C1W	
		C1C-C2W	
		C1C-C5Q	
		C1C-C5X	
	频内码偏差	C2W-C2L	
		C2W-C2S	
		C2W-C2X	

卫星 DCB 产品不能直接用于每个频率上非组合观测值的卫星伪距偏差改正，主要是因为卫星 DCB 产品本质上是频率间或频率内的卫星伪距偏差的差值，而不是每个观测频率上绝对的卫星伪距偏差值。虽然只能通过 DCB 产品得到卫星伪距偏差之间的相对关系，但依然可以通过引入约束条件恢复出每个频率上“绝对形式”卫星伪距偏差。根据式（5.6）和式（5.9），可写出如下形式的卫星伪距偏差关系：

$$\begin{cases} \mathrm{DCB}^s_{\mathrm{C1W\text{-}C2W}} = d^s_{\mathrm{C1W}} - d^s_{\mathrm{C2W}} \\ d^s_{IF_{\mathrm{C1WC2W}}} = \alpha_{12} \cdot d^s_{\mathrm{C1W}} + \beta_{12} \cdot d^s_{\mathrm{C2W}} \end{cases} \tag{5.10}$$

式中，$\mathrm{DCB}^s_{\mathrm{C1W\text{-}C2W}}$ 表示 C1W-C2W 卫星 DCB 产品；d^s_{C1W} 和 d^s_{C2W} 表示 C1W 和 C2W 伪

距观测值上的卫星绝对伪距偏差；$d_{IF_{\mathrm{C1WC2W}}}^{s}$ 表示 C1W/C2W 无电离层组合卫星伪距偏差。为了便于与 IGS 钟差产品中卫星伪距偏差统一改正，引入如下约束条件（Schaer，2016）：

$$d_{IF_{\mathrm{C1WC2W}}}^{s}=0 \tag{5.11}$$

式中，$d_{IF_{\mathrm{C1WC2W}}}^{s}$ 假设为 0。

基于式（5.10）和式（5.11），C1W 和 C2W 伪距观测值上"绝对形式"卫星伪距偏差可如下表示：

$$\begin{cases} d_{\mathrm{C1W}}^{s}=\beta_{12}\cdot \mathrm{DCB}_{\mathrm{C1W\text{-}C2W}}^{s} \\ d_{\mathrm{C2W}}^{s}=-\alpha_{12}\cdot \mathrm{DCB}_{\mathrm{C1W\text{-}C2W}}^{s} \end{cases} \tag{5.12}$$

基于式（5.12），其他类型如 C1C、C5Q 或 C5X 伪距观测值上卫星绝对伪距偏差可表示如下：

$$\begin{cases} d_{\mathrm{C1C}}^{s}=\mathrm{DCB}_{\mathrm{C1C\text{-}C1W}}^{s}+\beta_{12}\cdot \mathrm{DCB}_{\mathrm{C1W\text{-}C2W}}^{s} \\ d_{\mathrm{C5Q}}^{s}=\mathrm{DCB}_{\mathrm{C1C\text{-}C1W}}^{s}+\beta_{12}\cdot \mathrm{DCB}_{\mathrm{C1W\text{-}C2W}}^{s}-\mathrm{DCB}_{\mathrm{C1C\text{-}C5Q}}^{s} \\ d_{\mathrm{C5X}}^{s}=\mathrm{DCB}_{\mathrm{C1C\text{-}C1W}}^{s}+\beta_{12}\cdot \mathrm{DCB}_{\mathrm{C1W\text{-}C2W}}^{s}-\mathrm{DCB}_{\mathrm{C1C\text{-}C5X}}^{s} \end{cases} \tag{5.13}$$

顾及式（5.3）、式（5.12）和式（5.13），"绝对形式"卫星伪距偏差可直接改正到原始伪距观测值上，其表达式如下：

$$\begin{cases} \tilde{P}_{r,\ \mathrm{C1W}}^{s}=P_{r,\ \mathrm{C1W}}^{s}+d_{\mathrm{C1W}}^{s} \\ \tilde{P}_{r,\ \mathrm{C2W}}^{s}=P_{r,\ \mathrm{C2W}}^{s}+d_{\mathrm{C2W}}^{s} \\ \tilde{P}_{r,\ \mathrm{C5X}}^{s}=P_{r,\ \mathrm{C5X}}^{s}+d_{\mathrm{C5X}}^{s} \end{cases} \tag{5.14}$$

式中，$\tilde{P}_{r,\ \mathrm{C1W}}^{s}$、$\tilde{P}_{r,\ C2W}^{s}$ 和 $\tilde{P}_{r,\ \mathrm{C5X}}^{s}$ 分别表示改正卫星伪距偏差后的 C1W、C2W 和 C5X 伪距观测值。值得注意的是，式（5.14）中的"绝对形式"卫星伪距偏差改正方法，本质上只是将卫星绝对伪距偏差之间的相对关系（DCB）改正到了各频率伪距观测值上，因此，d_{C1W}^{s}、d_{C2W}^{s} 和 d_{C5X}^{s} 也可以理解成"伪"绝对卫星伪距偏差。本书中，将这种伪绝对卫星伪距偏差改正称为 SCB 改正。

5.3.2 绝对卫星相位偏差改正方法

由式（5.7）和式（5.8）可知，在满秩的伪距和相位观测方程中，均包含与时间相关的卫星相位偏差，伪距观测方程中的卫星相位偏差可以忽略不计，因为其值通常小于伪距噪声（Pan et al.，2018）。因此，在三频非组合PPP中，处理与时间有关的卫星相位偏差，等价于改正相位观测方程L5中的IFCB。根据式(5.9)，L5相位观测方程中的IFCB可直接整理为：

$$\mathrm{IFCB}^{s}=\alpha_{12}\cdot(1-\gamma_{5}/\gamma_{2})\cdot\Delta b_{1}^{s}-\beta_{12}\cdot(\gamma_{5}-1)\cdot\Delta b_{2}^{s}-\Delta b_{5}^{s} \tag{5.15}$$

可以看出，IFCB是L1、L2和L5频率与时间有关的相位偏差的线性组合。每颗卫星的IFCB值可通过PPP网解或其他方法直接估计出来（Li et al.，2016；Guo，Geng et al.，2018；Pan et al.，2018），其估计方法本书不做详细讨论。类似于卫星伪距偏差的改正方法，可直接将IFCB估值改正到原始L5相位观测值上，其表达式如下：

$$\widetilde{L}_{r,5}^{s}=L_{r,5}^{s}+\mathrm{IFCB} \tag{5.16}$$

式中，$\widetilde{L}_{r,5}^{s}$表示改正IFCB后的L5相位观测值；$L_{r,5}^{s}$表示原始L5相位观测值。

与时间无关的卫星相位偏差改正，即SPB改正，目的是恢复载波相位模糊度的整数特性，是PPP模糊度固定的先决条件。传统的SPB改正是将UPD产品改正到相对应的浮点模糊度上，其表达式如下（Ge et al.，2008；Li et al.，2016；Liu et al.，2019）：

$$\Delta\overline{N}_{r}^{s}=\Delta\hat{N}_{r}^{s}+\Delta\overline{b}^{s} \tag{5.17}$$

式中，$\Delta\hat{N}_{r}^{s}$表示星间单差浮点模糊度；$\Delta\overline{N}_{r}^{s}$表示改正SPB后的星间单差浮点模糊度；$\Delta\overline{b}^{s}$表示星间单差卫星SPB。由式（5.17）可知，传统的SPB改正方法依赖于浮点模糊度的形式。例如，如果浮点模糊度是宽巷模糊度，则对应的SPB产品应为宽巷SPB；如果浮点模糊度是窄巷模糊度，则对应的SPB产品应为窄巷SPB；如果浮点模糊度是非组合模糊度，则对应的SPB产品应为非组合SPB。类似于SCB改正方法，更统一的SPB改正方法可表达如下（Laurichesse，2015；Laurichesse，Banville，2018）：

$$\begin{cases}\overline{L}_{r,1}^{s}=L_{r,1}^{s}+\overline{b}_{1}^{s}\\ \overline{L}_{r,2}^{s}=L_{r,2}^{s}+\overline{b}_{2}^{s}\\ \overline{L}_{r,5}^{s}=L_{r,5}^{s}+\overline{b}_{5}^{s}\end{cases} \tag{5.18}$$

式中，$\bar{b}_1^s$、$\bar{b}_2^s$ 和 $\bar{b}_5^s$ 分别表示 L1、L2 和 L5 频率的非组合 SPB 产品；$\bar{L}_{r,1}^s$、$\bar{L}_{r,2}^s$ 和 $\bar{L}_{r,5}^s$ 分别表示改正 SPB 后的 L1、L2 和 L5 频率上的相位观测；由式（5.18）可知，新的 SPB 改正方法是将非组合 SPB 产品直接改正到原始相位观测值上，这种改正方法有效避免了传统改正方法中 SPB 产品必须与浮点模糊度的形式相匹配，可适用于各种 PPP 模糊度固定方法，并很容易拓展到多频多系统 PPP 模糊度固定。

5.3.3 适用于 PPP 固定解的绝对卫星偏差统一改正方法

图 5-1 展示了三频非组合 PPP 固定解服务端和用户端各种卫星偏差的关系以及统一改正过程，在服务端，第一步，需要利用三频相位观测值估计 IFCB，并选择某个机构发布的 DCB 产品（如 DLR 或 IGG）转换成绝对形式的 SCB 产品；第二步，在估计 SPB 的过程中同时顾及 IFCB 和 SCB 改正，即在估计 SPB 的过程中需要改正 IFCB 和 SCB；第三步，综合 SCB、SPB 和 IFCB 产品生成统一卫星偏差改正文件 SINEX_BIAS（Schaer，2016）。在用户端，第一步，进行 GNSS 观测数据的预处理以及周跳的探测；第二步，将服务端生成的 SINEX_BIAS 文件中的各类卫星偏差直接改正到原始伪距和相位观测值上；第三步，进行三频非组合浮点 PPP 解算，可直接得到具有整数特性的浮点模糊度和对应的方差斜方差矩阵；第四步，采用第 4 章多频模糊度快速固定方法搜索整数模糊度；第五步，将整数模糊度约束浮点解法方程得到 PPP 固定解。

图 5-2 设计了适用于三频非组合 PPP 固定解的卫星偏差改正文件 SINEX_BIAS。以 G01 卫星为例，文件中“*BIAS”列中的“OSB_SCB”、“OSB_SPB”和“OSB_IFCB”分别表示每种类型伪距观测值的 SCB，每种类型相位观测值的 SPB 以及改正 L5 相位观测值的 IFCB。可以看出，这些卫星偏差的形式都是基于观测值域，可以直接改正到原始观测值上。“BIAS_START”和“BIAS_END”的时间差值表示该卫星偏差的采样率，目前设计的采样率为 30s，主要是为了实时应用。若对这些偏差进行精细化建模，可延长采样率的时间，本书对各类卫星偏差精细化建模暂不做讨论。“UNIT”表示卫星偏差的单位，统一采用纳秒。“_ESTIMATED_VALUE”和“STD_DEV”表示相应的卫星偏差值和其标准差。

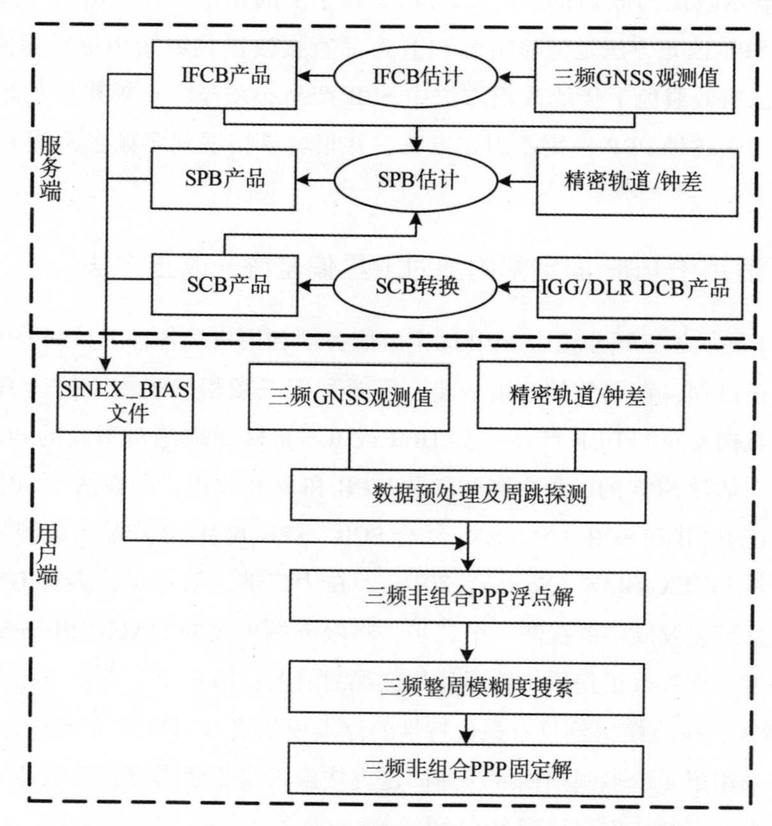

图5-1　三频非组合PPP固定解统一卫星偏差改正流程图

```
+BIAS/SOLUTION
*BIAS     SVN_ PRN  OBS  BIAS_START____ BIAS_END______ UNIT __ESTIMATED_VALUE____ _STD_DEV___
 OSB_SCB  G063 G01  C1C  2017:092:00000 2017:092:00030 ns                  1.6132      0.0081
 OSB_SCB  G063 G01  C1W  2017:092:00000 2017:092:00030 ns                 -1.1810      0.0090
 OSB_SCB  G063 G01  C2W  2017:092:00000 2017:092:00030 ns                 -8.9380      0.0215
 OSB_SCB  G063 G01  C2S  2017:092:00000 2017:092:00030 ns                  1.4530      0.0135
 OSB_SCB  G063 G01  C2L  2017:092:00000 2017:092:00030 ns                  1.3140      0.0070
 OSB_SCB  G063 G01  C5Q  2017:092:00000 2017:092:00030 ns                  0.6380      0.0515
 OSB_SCB  G063 G01  C5X  2017:092:00000 2017:092:00030 ns                  1.0580      0.0180
 OSB_SPB  G063 G01  L1C  2017:092:00000 2017:092:00030 ns                  0.7490      0.0130
 OSB_SPB  G063 G01  L2W  2017:092:00000 2017:092:00030 ns                  0.9330      0.0190
 OSB_SPB  G063 G01  L2X  2017:092:00000 2017:092:00030 ns                  1.1330      0.0260
 OSB_SPB  G063 G01  L5X  2017:092:00000 2017:092:00030 ns                  1.2900      0.0160
 OSB_IFCB G063 G01  L5X  2017:092:00000 2017:092:00030 ns                 -0.0013      0.0008
```

图5-2　三频非组合PPP固定解偏差改正文件格式样例

5.4　卫星偏差对三频非组合 PPP 固定解的影响

本小节实验验证 5.3 节提出的卫星偏差统一改正方法，此外，评估 SCB 和 IFCB 对 GPS 三频非组合 PPP 固定解的影响。5.4.1 小节介绍生成 SINEX_BIAS 文件所采用的实验数据以及 PPP 处理策略；5.4.2 和 5.4.3 小节分别研究 SCB 和 IFCB 对 GPS 三频非组合 PPP 固定解性能的影响，包括首次固定时间和定位精度。

5.4.1　实验数据与 PPP 处理策略

如图 5-3 所示，选择 2017 年 092-099 天 142 个全球分布的具有 GPS 三频观测值的 MGEX 测站作为本次实验数据。在服务端，利用这些数据估计三频 SPB 以及 IFCB，并利用 DLR 发布的 DCB 产品转换为对应的 SCB 产品。用 SPB、IFCB 估值和 SCB 产品生成 SINEX_BIAS 文件。在用户端，为了验证基于 SINEX_BIAS 文件实现 GPS 三频 PPP 固定解的性能，以 SINEX 格式的 IGS 周解坐标作为参考坐标。采用采样率为 5min 的 IGS 精密轨道产品和采样率为 30s 的 IGS 精密钟差产品。相位观测值先验标准差取 0.003m，伪距观测值先验标准差取 0.3m。关于 GPS 三频 PPP 固定解的更详细策略见表 5-2。

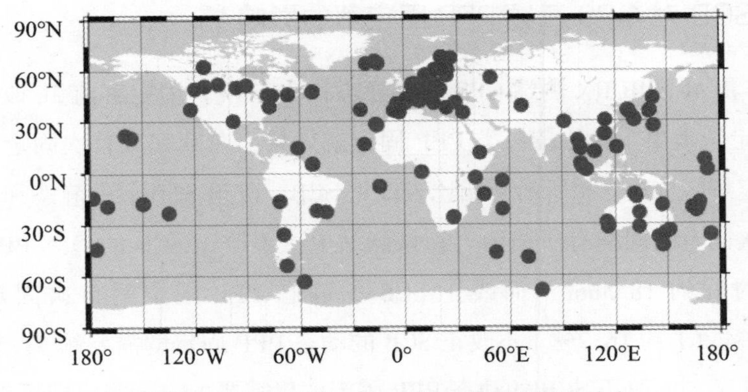

图 5-3　所选的具有 GPS 三频观测值的测站分布

表 5-2　**GPS 三频 PPP 固定解处理策略**

项　　目	策　　略
估计器	序贯最小二乘
观测值	原始频率伪距和相位观测值
频率	GPS：L1/L2/L5
数据采用率	30s
截止高度角	15°
观测值权	高度角加权
电离层延迟	参数估计（随机游走）
对流层延迟	干分量：Saastamoinen 模型改正（Saastamoinen，1972）
	湿分量：参数估计（随机游走），GMF 投影函数
接收机钟差	参数估计（白噪声）
测站位移	IERS 2010 协议改正，包括：固体潮、极潮和海潮（Petit，Luzum，2010）
卫星 PCO/PCV	IGS14 天线改正文件
接收机 PCO/PCV	IGS14 天线改正文件
相位缠绕偏差	模型改正（Wu et al.，1993）
相对论效应	模型改正
测站坐标	静态 PPP：参数估计（常量）；动态 PPP：参数估计（白噪声）

5.4.2　SCB 对 GPS 三频 PPP 固定解的影响

图 5-4 展示了 BURX 测站 GPS 三频静态和动态 PPP 固定解前 2h 改正与未改正 SCB 的定位效果。为比较各类 PPP 固定解效果，在其完成首次固定前也输出相应的固定解。如图 5-4 所示，相比未改正 SCB，改正 SCB 后的静态和动态 PPP 固定解首次固定时间均有所缩短。在该测站上，不改正 SCB 的静态 PPP 固定解首次固定时间约 18.5min，而改正 SCB 的静态 PPP 固定解首次固定时间为 15.5min，缩短了约 16.2%。不改正 SCB 的动态 PPP 固定解需要约 31.5min 完成即可首次固定，而改正 SCB 的动态 PPP 固定解仅需要 15min 完成即可首次固定，首次固定时间缩短了 52.3%。相比静态 PPP 固定解，SCB 对动态 PPP 固定解的影响更大，这主要是因为多历元解算的静态解能较好地平滑伪距观测量中的

SCB，而单历元解算的动态解对伪距观测量中偏差更敏感。此外，无论静态还是动态解，当模糊度固定后，SCB 对 PPP 固定解定位精度的影响均很微小，主要是因为相比载波相位观测量，伪距观测量的权比较低，对定位精度的影响相对比较小。因此，SCB 主要影响 GPS 三频非组合 PPP 固定解的首次固定时间。

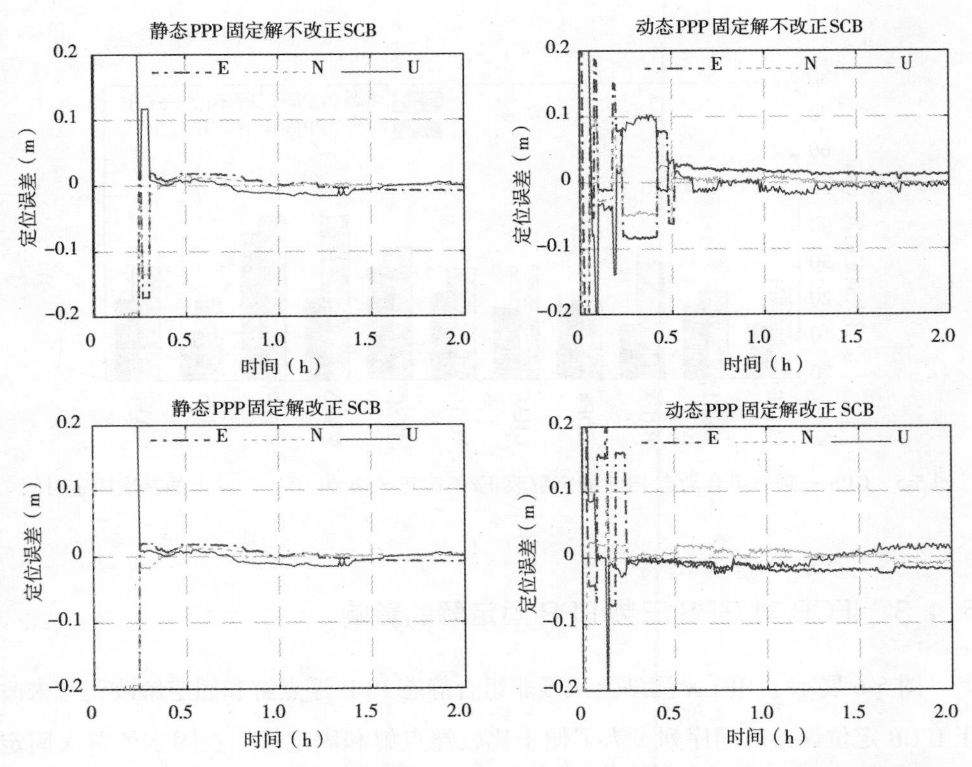

图 5-4　BRUX 测站 GPS 三频非组合静态/动态 PPP 固定解改正/未改正 SCB 定位误差时间序列

为进一步研究 SCB 对动态 PPP 固定解首次固定时间的影响，图 5-5 统计了 10 个测站上三频非组合 PPP 固定解改正与不改正 SCB 的首次固定时间以及其均值。如图 5-5 所示，SCB 对固定解首次固定时间的影响在不同测站是不同的，例如，在 BRUX 测站上，改正 SCB 后，PPP 固定解的首次固定时间明显缩短，但是在 GOP6 测站上，改正 SCB 后，首次固定时间并没有显著改善。本书认为其中的一个原因是由于不同测站观测的伪距观测值的质量不同，如果该测站观测的伪距观测值质量较差，即使改正 SCB 伪距观测值质量也不会变好，导致 SCB 改正前后固定解首次固定时间变化不显著。如果测站观测的伪距观测值质量相对比较好，改正SCB后伪距观测值质量进一步提高，使得SCB改正前后固定解首次固定时间有较大改善。就平均而言，10个测站的统计结果表明：不改正SCB的三频非组合动态PPP固定解首次固定时间约为31min，改正SCB的三频非组合动态PPP固定解首次固定时间约为22min，缩短约29%。

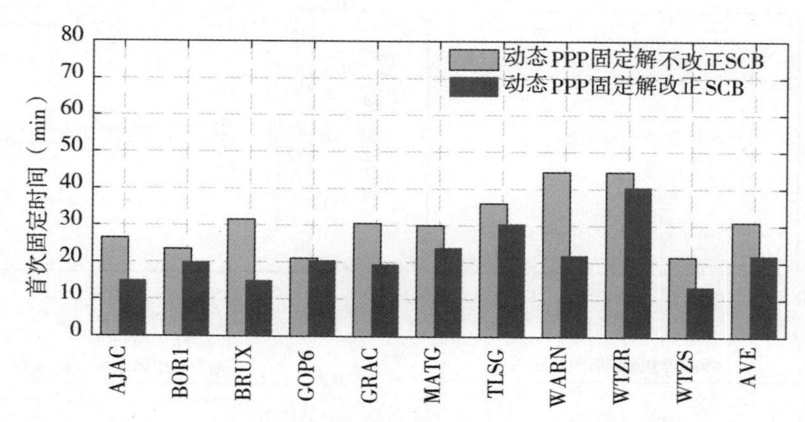

图5-5　GPS三频非组合动态PPP固定解改正/不改正SCB在10个测站上的首次固定时间

5.4.3　IFCB对GPS三频PPP固定解的影响

图5-6展示了BRUX测站上三频非组合静态PPP浮点解和固定解改正与未改正IFCB定位误差时间序列。为了便于比较浮点解和固定解，在固定解首次固定前采用浮点解。如图5-6所示，相比未改正IFCB的PPP浮点解和固定解，改正IFCB后的浮点解和固定解在收敛时间和定位精度两方面均有显著改善。在该测站上，无IFCB改正的PPP固定解首次固定时间约为68.5min，而改正IFCB后的PPP固定解首次固定时间为15.5min，时间缩短77%。经过3h解算，未改正IFCB的固定解定位精度水平方向约为2.6cm，垂直方向约为2.3cm，而改正IFCB的固定解，其定位精度水平方向约为0.7cm，垂直方向约为1.8cm，两个方向定位精度各提高约73%和22%。此外，值得注意的是，IFCB对PPP浮点解和固定解的影响并不一致，未改正IFCB的PPP浮点解中估计的参数随时间的累积被逐渐平滑，其定位精度逐渐提高；而未改正IFCB的PPP固定解，其定位精度

在 2.2~2.3h 时段内比 1.2~1.4h 时段内更差。这主要是因为 IFCB 值呈现连续周期性变化，如图 5-7 所示，错误固定的模糊度数量也会随着 IFCB 的变大而变多，当错误固定的模糊度数量较多时，定位精度度会瞬间变低。因此，从该测站的定位结果可以看出正确改正 IFCB 是 GPS 三频 PPP 模糊度固定的先决条件。

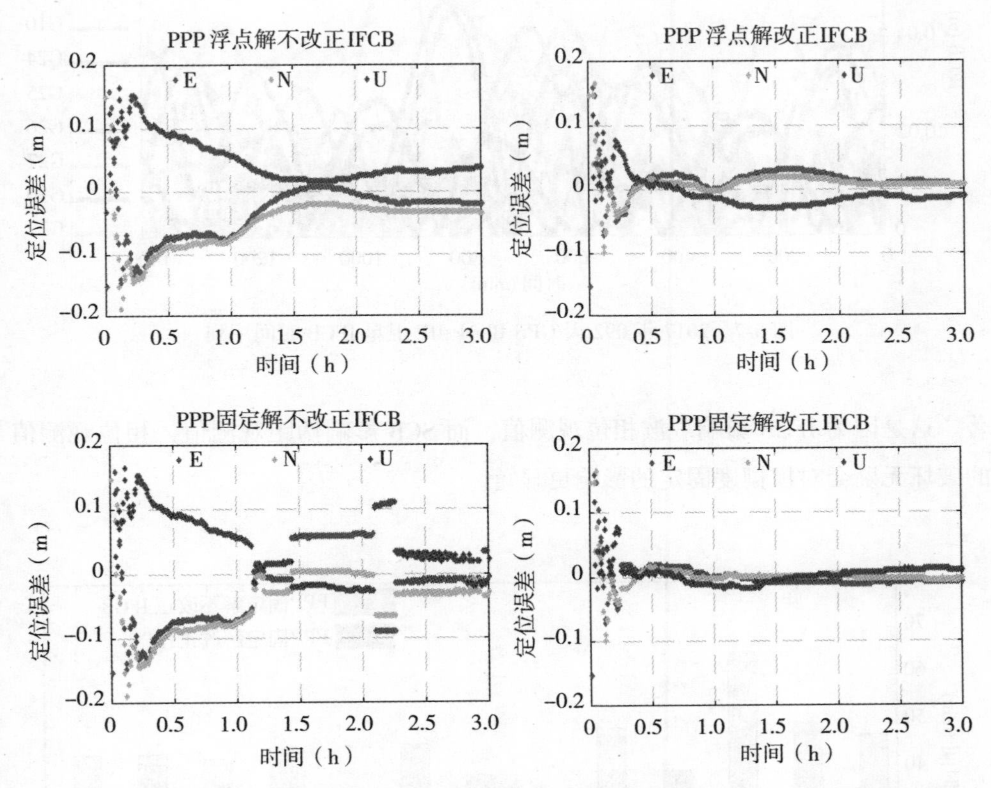

图 5-6　BRUX 测站 GPS 三频非组合静态 PPP 浮点解/固定解改正/未改正 IFCB 定位误差时间序列

为进一步研究 IFCB 对 PPP 固定解首次固定时间的影响，图 5-8 分别统计了 12 个测站上 GPS 三频 PPP 固定解改正与未改正 IFCB 的首次固定时间及其均值。如图 5-8 所示，改正 IFCB 后，PPP 固定解在所有测站上的首次固定时间均有显著改善。未改正 IFCB 的 PPP 固定解平均首次固定时间约为 43.8min，而改正 IFCB 后的 PPP 固定解平均首次固定时间仅为 15.6min，缩短了约 64.3%。结合图 5-5，显而易见，IFCB 对 PPP 固定解首次固定时间的影响比 SCB 的影响更显

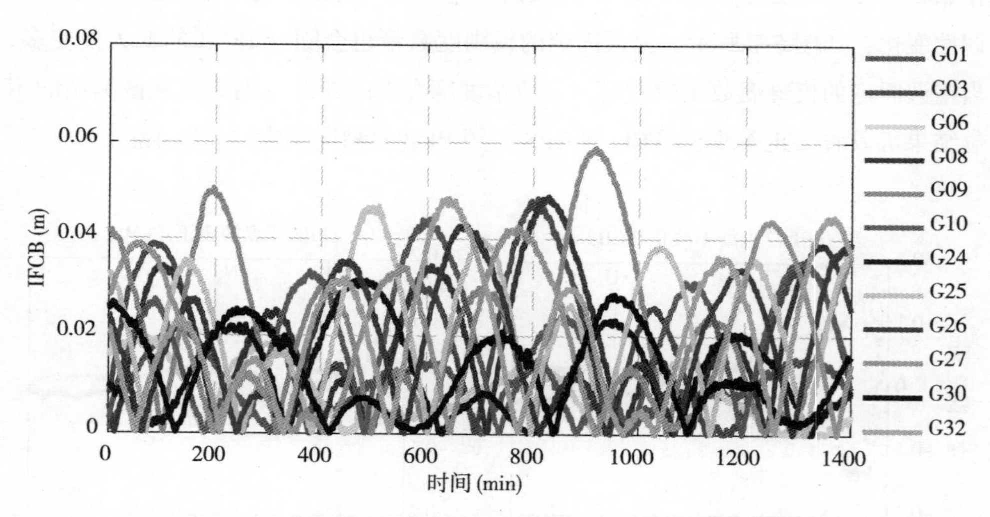

图 5-7　2017 年 092 天 GPS Block IIF 卫星 IFCB 时间序列

著。这是因为 IFCB 影响载波相位观测值，而 SCB 影响伪距观测值，相位观测值的破坏无疑会对模糊度固定的影响更显著。

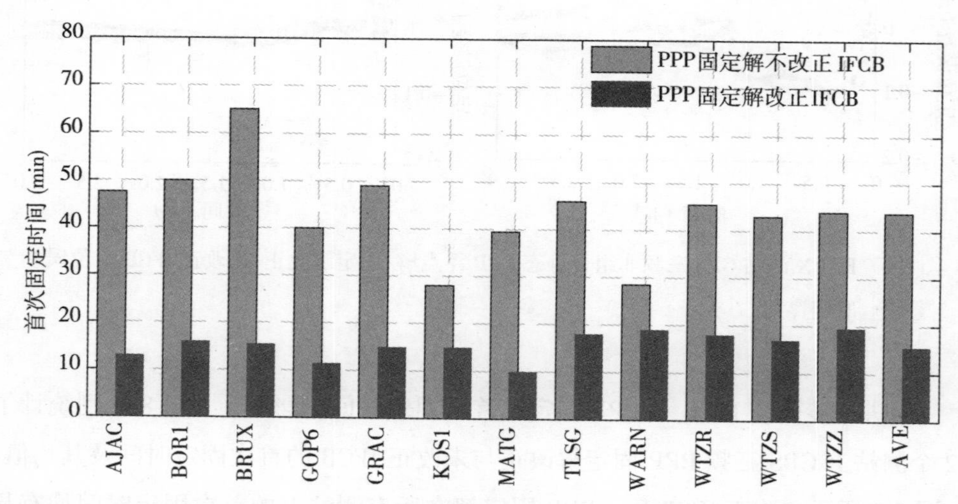

图 5-8　GPS 三频非组合静态 PPP 固定解改正/不改正 IFCB 在 12 个测站上的首次固定时间

为了进一步研究 IFCB 对 PPP 固定解定位精度的影响，图 5-9 分别统计了 12

个测站，在首次固定、1.5h、2.0h、2.5h、3.0h 和 4.0h 等时刻改正与不改正 IFCB 的定位偏差 RMS。如图 5-9 所示，在任意时刻，改正 IFCB 后 PPP 固定解定位精度明显优于未改正 IFCB 的 PPP 固定解。结果表明：未改正 IFCB 的 PPP 固定解在首次固定时刻 E、N 和 U 方向的定位精度分别为 3.9cm、3.5cm 和 4.0cm，而改正 IFCB 的 PPP 固定解在首次固定时刻 E、N 和 U 方向定位精度为 2.5cm、2.3cm 和 2.8cm，三个方向定位精度分别提高约 36%、34%和 29%；解算到 3h 左右，改正 IFCB 的 PPP 固定解在 E、N 和 U 方向上定位精度分别为 1.3cm、1.1cm 和 1.6cm，相比未改正 IFCB 的 PPP 固定解定位精度三方向分别提高约 43%、58%和 56%。此外，值得一提的是，未改正 IFCB 的 PPP 固定解在 1.5h 定位精度

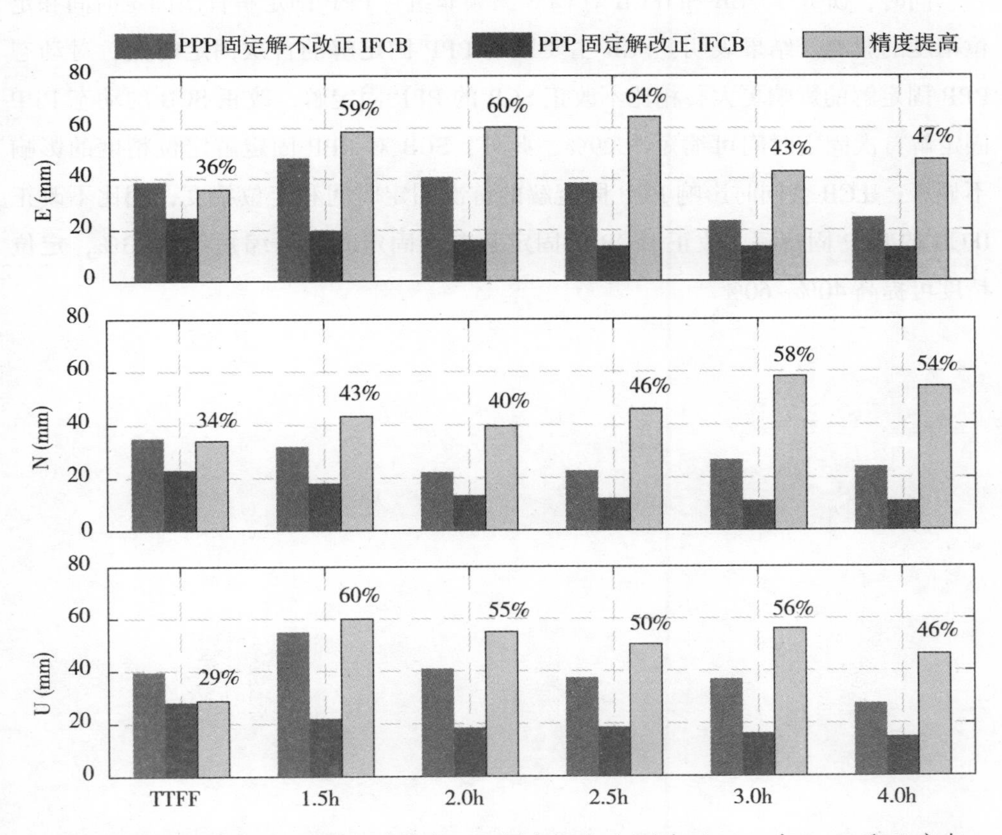

图 5-9 不同时段 GPS 三频非组合静态 PPP 固定解改正/不改正 IFCB 在 E、N 和 U 方向定位偏差 RMS

比其在首次固定时刻更差，类似于上述讨论，这可能是由于周期变化的 IFCB 值在 1.5h 左右整体偏大，对模糊度固定的影响更大。

5.5　本章小结

为便于实现多频 PPP 固定解，针对多频 PPP 中的卫星偏差改正问题，本章提出了一种同时顾及时变与时不变绝对卫星偏差统一改正方法，包括 SCB、SPB 以及 IFCB 的统一改正方法，并设计了对应的卫星偏差改正文件。该方法适用于不同的多频 PPP 模型，同时更便于多频多系统 PPP 卫星偏差改正。

同时，研究了 SCB 和 IFCB 对 GPS 三频非组合 PPP 固定解首次固定时间和定位精度的影响。结果表明：SCB 主要影响 PPP 固定解的首次固定时间，对动态 PPP 固定解的影响更大，相比不改正 SCB 的 PPP 固定解，改正 SCB 的动态 PPP 固定解首次固定时间可缩短约 29%，此外，SCB 对 PPP 固定解定位精度的影响不显著；IFCB 会同时影响 PPP 固定解的首次固定时间和定位精度，相比不改正 IFCB 的 PPP 固定解，改正 IFCB 的固定解首次固定时间可缩短约 64.3%，定位精度可提高 40%~60%。

第6章 GPS+Galileo 多频非组合 PPP 实时固定解

前面几个章节分别对多频原始 UPD 估计方法，多频非组合 PPP 逐级模糊度快速固定方法，以及多频非组合 PPP 卫星偏差统一改正方法做出了较为深入的研究，证明了利用多频 GNSS 观测值能够改善 PPP 固定解的首次固定时间以及定位精度。随着多星座的发展，一系列的研究成果表明：利用多星座观测值可以提高 PPP 在城市、峡谷等极端环境中的可用性。因此，本章将进一步研究如何综合利用 GPS 和 Galileo 卫星的多频观测值来实现 PPP 模糊度固定。此外，随着 IGS 实时服务的发展，目前可以利用实时精密轨道钟差产品进行有关实时 PPP 的研究，本章将对现有的 IGS 实时中心的产品进行评估和比较，同时实现多频多模实时 PPP 固定解。

6.1 引言

相比于双频 GNSS 观测值，利用三频 GNSS 观测值能够缩短非组合 PPP 固定解的首次固定时间并提高定位精度，在良好观测环境下可以实现 15min 左右的首次固定时间。但是这样的收敛时间依然不会令人满意，依然是限制 PPP 应用，尤其是 PPP 大众化位置服务的主要矛盾。如何缩短 PPP 固定解首次固定时间依然需要进一步的研究与讨论。

随着多 GNSS 星座的发展，目前为止（2019 年 5 月），有在轨可用 GPS 卫星 31 颗，包括 1 颗 Block IIA 卫星，11 颗 Block IIR 卫星，7 颗 Block IIR-M 卫星以及 12 颗 Block IIF 卫星，所有 Block IIF 卫星可以播发三频信号；有在轨可用 GLONASS 卫星 25 颗；有在轨可用 Galileo 卫星 26 颗；有在轨可用 BDS-2 卫星 15

颗，BDS-3 卫星 19 颗。详细 GNSS 星座信息见表 6-1。已有研究成果表明：利用多系统 GNSS 观测值能够提高 PPP 的可用性，可以弥补极端环境下单系统卫星可见数量不够而导致无法定位的问题（Li et al.，2015a；Li et al.，2015b；任晓东等，2015）。一些研究成果表明：相比于单系统 PPP 固定解而言，多系统 PPP 固定解可以缩短首次固定时间并提高定位精度（Li et al.，2017；Liu et al.，2017a；Liu et al.，2017b；Li et al .，2018）。然而，以上对于多系统 PPP 浮点解或固定解的研究主要局限于双频观测值，并且主要是利用 IGS 事后的精密轨道钟差产品，采用 PPP 后处理的解算模式进行研究。

受益于 IGS 实时项目（RT pilot project，RTPP）的进展，一些 IGS 分析中心（如 GFZ，ESA 等）已经能够提供实时的精密轨道和钟差产品，可用于实时的精密定位。为此，本章对目前各 IGS 分析中心提供的实时产品进行比较和评估，并用其实现 GPS/ Galileo 组合三频 PPP 固定解。

表 6-1　**GNSS 星座状态（2019 年 5 月）**

星座	型号	信号	卫星数
GPS	IIA	L1 C/A，L1/L2 P（Y）1	
	IIR	L1 C/A，L1/L2 P（Y）	11
	IIR-M	+L2C，+L1/L2M	7
	IIF	+L5	12
GLONASS	M	L1/L2 C/A+P	23
	M+	+L3	1
	K	+L3	1
BeiDou-2	MEO	B1，B2，B3	3
	IGSO	B1，B2，B3	7
	GEO	B1，B2，B3	5
BeiDou-3	MEO	B1，B2，B3	18
	IGSO	B1，B2，B3	1
Galileo	IOV	E1，（E6），E5a/b/ab	4
	FOC	E1，（E6），E5a/b/ab	22

6.2 IGS RTS 多系统实时产品评估

实时精密轨道和钟差产品是实现实时 PPP 固定解的前提条件，实时轨道钟差产品的质量决定了实时 PPP 固定解的效果，因此，本节将对 RTS 实时产品进行介绍和评估。6.2.1 节将介绍现有的 IGS 实时数据流产品以及播发的分析中心；6.2.2 节对不同分析中心实时轨道产品进行比较和讨论；6.2.3 节将对不同分析中心实时钟差产品进行比较和讨论。

6.2.1 IGS RTS 分析中心与实时产品介绍

为了满足 GNSS 实时精密应用的需求，IGS 实时工作组（Real Time Working Group，RTWG）自 2013 年起正式提供实时服务（RTS）。各 IGS 分析中心提供的实时服务通常以 RTCM-SSR（Radio Technical Commission for Maritime Services State-Space Representation）的形式进行播发，主要包括不同 GNSS 星座实时精密轨道和精密钟差产品。实时轨道钟差产品的生成主要依赖于所选用的全球实时参考站、数据中心和分析中心等一系列的基础设施。目前为止，总共有 8 个分析中心提供实时轨道和钟差产品，分别是武汉大学（Wuhan University，WHU）、德国联邦大地测量局（Bundesamt für Kartographie und Geodäsie，BKG）、法国国家太空研究中心（Centre National d'Etudes Spatiales，CNES）、欧洲空间局（European Space Agency，ESA）、德国地球科学研究所（GeoForschungsZentrum，GFZ）、德国宇航局（Deutsches Zentrum für Luft- und Raumfahrt，DLR）、加拿大自然资源部（Natural Resources Canada，NRCan）以及西班牙航空航天研究中心（GMV Aerospace and Defense，GMV）（Lu et al.，2017）。这些分析中心通过不同的挂载点来播发实时轨道和钟差产品。这些分析中心的绝大多数都可以提供单 GPS 或者 GPS 和 GLONASS 双系统的实时轨道钟差产品，但只有少数分析中心如 CNES 和 GFZ 能够提供 GPS/GLONASS/Galileo/BDS 四系统产品。表 6-2 中给出了各分析中心播发实时产品的详细信息，其中包括实时产品播发的挂载点、产品播发的参考点、产品所属的星座、提供产品的分析中心等。表中 SE Combination 表示为各分析中心单历元综合产品，KF Combination 表示各分析中心卡尔曼滤波综合产品，APC 表示播发的产品以天线相位中心为参考点，COM 表示播发的产品以卫星质心为参考点。

表 6-2　　各分析中心实时产品介绍

分析中心	挂载点	参考点	星座类型
SE Combination	IGS01	APC	GPS
KF Combination	IGS02	APC	GPS
KF Combination	IGS03	APC	GPS/GLO
GFZ	CLK70	APC	GPS
BKG	CLK01	APC	GPS/GLO
DLR/GSOC	CLK21	APC	GPS/GLO
WUHAN	CLK16	APC	GPS
GMV	CLK81	APC	GPS/GLO
CNES	CLK92	COM	GPS/GLO/GAL/BDS
GFZ	GFZC2	APC	GPS/GLO/GAL/BDS
GFZ	GFZD2	APC	GPS/GLO/GAL/BDS

6.2.2　不同分析中心实时轨道产品评估

本小节分析和比较目前不同分析中心提供的多系统实时轨道产品的精度。实验数据采用 CLK01、CLK81、CLK92、GFZC2 以及 GFZD2 五个挂载点 2017 年 084 天至 101 天播发的多系统实时轨道产品。其中，CLK92、GFZC2 和 GFZD2 挂载点可以播发四系统实时轨道产品（GPS+GLONASS+BDS+Galileo），而 CLK01 和 CLK81 仅支持双系统实时轨道产品（GPS+GLONASS）。本次实验采用 GFZ 最终轨道产品作为参考值。

图 6-1 为各分析中心各系统每颗卫星的实时轨道与 GFZ 最终轨道差值在切向（along）、法向（cross）和径向（radial）上的均方根值（root mean square，RMS）。如图 6-1 所示，相比于其他星座轨道，GPS 实时轨道的精度是最好的，其次是 GLONASS 实时轨道。目前，由于 Galileo 和 BDS 全球跟踪站数量不足，Galileo 和 BDS 的实时轨道精度仍然无法与 GPS 或 GLONASS 相比。在由 5 个分析

中心提供实时轨道的切向、法向和径向分量中，径向分量与最终轨道的一致性优于法向分量，而切向分量与最终轨道的一致性最差。这主要是因为切向方向沿着卫星运动方向，径向指向地心方向，较之径向更容易受卫星姿态调控的影响，尤其在太阳高度角较低的时候。

对于各分析中心播发的 GPS 实时轨道来讲，与 GFZ 最终轨道一致性最优的 CLK01 实时轨道径向和法向分量的 RMS 值小于 5cm，切向分量的 RMS 值小于 10cm。CLK81 播发的 GPS 实时轨道精度比 CLK01 略差，尤其体现在切向量和法向分量上，其 RMS 值分别为 12cm 和 7cm。CLK92 GPS 实时轨道精度在切向分量和径向分量上与 CLK81 非常接近，而其法向分量的 RMS 值却达到了 11cm。此外，GFZC2 和 GFZD2 播发的 GPS 实时轨道精度要低于 CLK01、CLK81 和 CLK92，其中，GFZC2 播发的 GPS 实时轨道精度最差，在切向、法向和径向三个分量上的 RMS 值分别为 25cm、17cm 和 8cm。

对于各分析中心播发的 GLONASS 实时轨道的比较结果与上面提到的 GPS 实时轨道比较结果相近，只是各分析中心的 GLONASS 实时轨道精度整体略低于 GPS 实时轨道精度。其中，与 GFZ 最终轨道一致性符合最好的 CLK01 播发的各每颗卫星实时轨道的 RMS 值在三个分量上分别小于 20cm、12cm 和 6cm，而与 GFZ 最终轨道符合最差的 GFZC2 实时轨道的 RMS 值在三个分量上分别约为 22cm、18cm 和 8cm。

与其他分析中心提供的 Galileo 实时轨道相比，CLK92 提供的 Galileo 实时轨道与 GFZ 最终轨道的一致性最好，每颗卫星的 RMS 值在径向分量上小于 5cm，在法向分量和切向分量上分别小于 10cm 和 12cm。GFZC2 播发的 Galileo 实时轨道精度最差，其 RMS 值在切向、法向和径向分量上分别可达 38cm、19cm 和 12cm 左右。

对于 BDS GEO 卫星（C01-C05）来讲，CLK92，GFZC2 和 GFZD2 等挂载点不能够 连续提供相应的全星座实时轨道产品，这主要是因为 BDS GEO 卫星的全球跟踪站的分布不够好，某些卫星观测值的数据流总是缺失（如 C01 和 C03 卫星）。对于 BDS IGSO（C06~C10）卫星来说，GFZD2 提供实时轨道与最终轨道的符合性最好。CLK92 提供的实时轨道在切向分量上精度最差，GFZC2 提供的实时轨道在法向分量和径向分量上精度最差。对于 BDS MEO（C11~C14）

卫星来讲，CLK92和GFZD2提供的实时轨道具有相近的精度，且优于GFZC2提供的实时轨道精度。CLK92提供的每颗MEO卫星实时轨道的RMS值在切向、法向和径向分量上分别在23cm、15cm和7cm以内，GFZC2播发的每颗MEO卫星实时轨道的RMS值在切向、法向和径向分量上分别不超过38cm、19cm和14cm。

图6-2展示了各挂载点GPS、GLONASS、Galileo和BDS卫星的IGS-RT轨道与GFZ最终轨道在切向、法向和径向分量上的差异的平均RMS值。另外，表6-3中总结了图6-2中各挂载点播发的各系统的实时轨道与GFZ最终轨道在切向、法向和径向分量上的差异的平均RMS的具体数值。

从图6-2中可以看出，相比于其他挂载点，CLK01播发的GPS和GLONASS实时轨道的精度最高。CLK01 GPS实时轨道在切向、法向和径向分量上的平均RMS分别为4.00cm、2.12cm和1.34cm左右，CLK01 GLONASS实时轨道在切向、法向和径向分量上的平均RMS值分别为9.15cm、4.30cm和2.99cm左右。CLK81播发的GPS和GLONASS实时轨道与CLK92播发的实时轨道精度相近，但都比CLK01播发的实时轨道精度低。GFZC2播发的GPS和GLONASS实时轨道精度最低。其GPS实时轨道在切向、法向和径向分量上的平均RMS值分别为15.13cm、12.92cm和5.61cm，而GLONASS实时轨道在切向、法向和径向分量上的平均RMS值分别为19.50cm、13.67cm和5.85cm。GFZD2播发的GPS和GLONASS实时轨道精度低于CLK01、CLK81和CLK92播发的实时轨道精度。与GFZC2和GFZD2播发的Galileo实时轨道相比，CLK92播发的Galileo实时轨道精度更好，在切向、法向和径向分量上的平均RMS值分别为8.31cm、4.66cm和2.68cm。对于BDS卫星实时轨道来讲，北斗GEO卫星的实时轨道精度远低于IGSO和MEO卫星的实时轨道精度。这可能是由于地球静止轨道卫星相对地面跟踪站的移动不明显，造成了站星几何结构和强度非常差，从而导致实时轨道精度较差。所以，目前由任何挂载点播发的BDS GEO实时轨道精度都是不可靠的。GFZD2播发的BDS IGSO卫星的实时轨道精度最优，其平均RMS值在切向、法向和径向分量上分别为24.98cm、27.54cm和10.48cm。CLK92播发的BDS MEO卫星实时轨道精度与GFZD2播发的相当。CLK92 MEO实时轨道的平均RMS值在切向、法向和径向分量上分别为17.13cm、9.68cm和4.48cm，而GFZC2 MEO实时

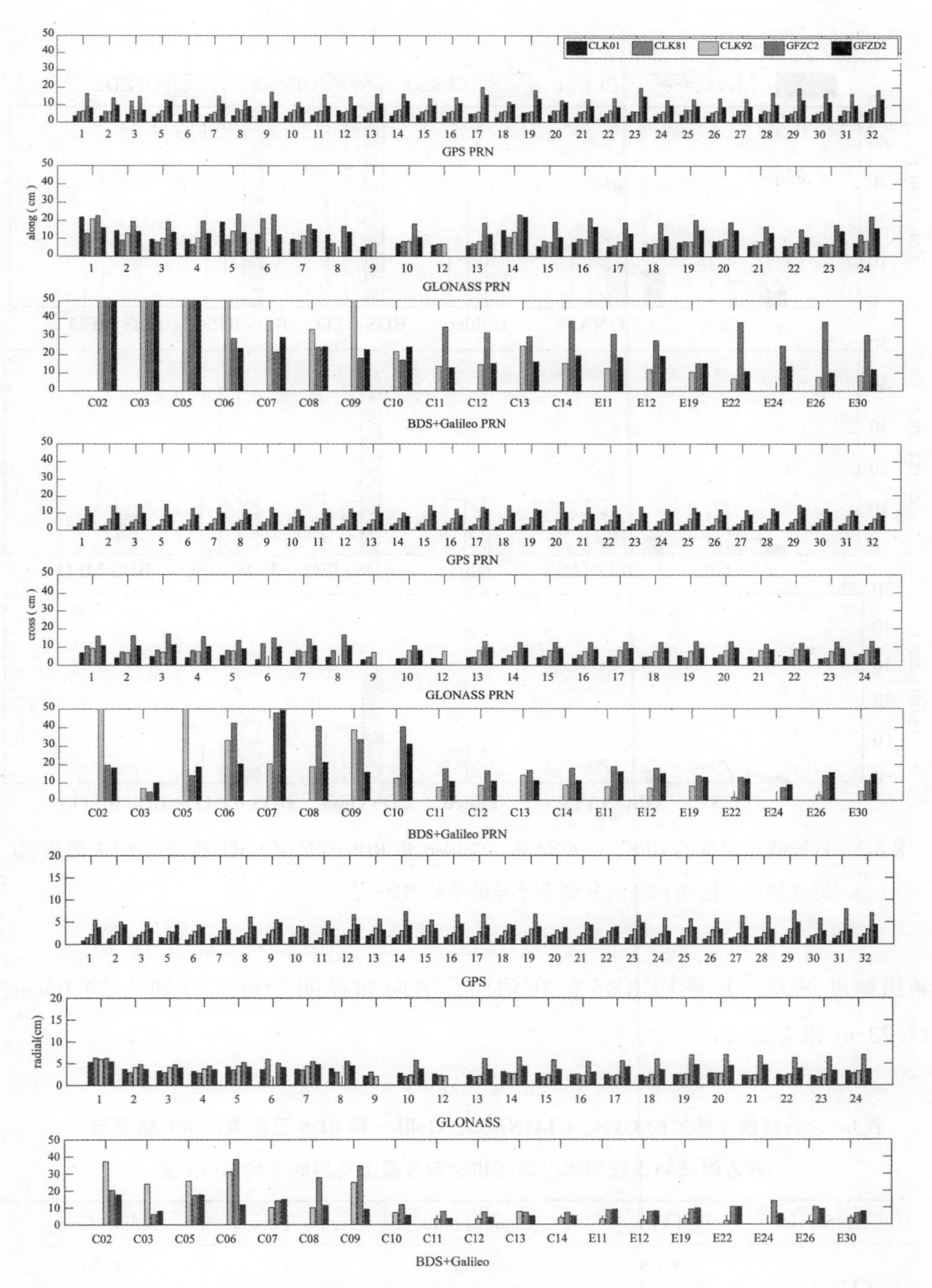

图 6-1　GPS/GLONASS/BDS/Galileo 四系统实时轨道产品（CLK01、CLK81、CLK92、GFZC2、GFZD2）与 GFZ 最终轨道产品差异的 RMS 值

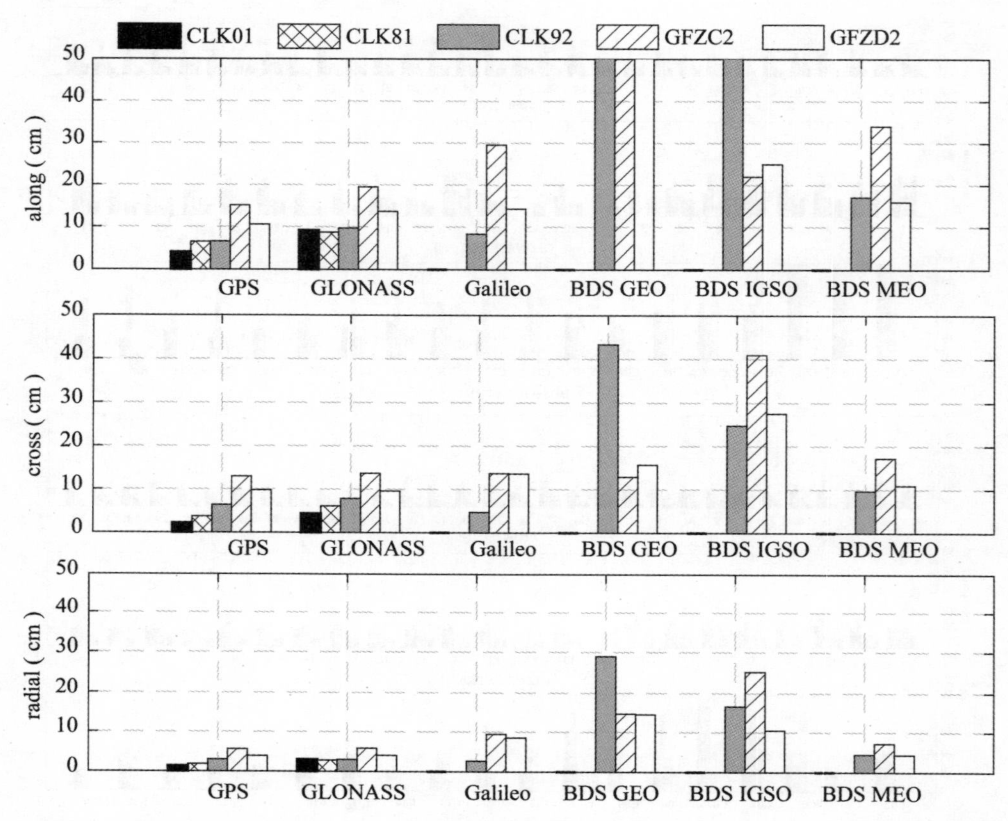

图 6-2　各挂载点播发的 GPS、GLONASS、Galileo 和 BDS 卫星 IGS-RT 轨道与 GFZ 最终轨道在切向、法向和径向分量上差异的平均 RMS 值

轨道精度最差，其平均 RMS 值在切向、法向和径向分量上分别为 34.05cm、17.23cm 和 7.23cm。

表 6-3　各挂载点播发的 GPS、GLONASS、Galileo 和 BDS 卫星 IGS-RT 轨道与 GFZ 最终轨道在切向、法向和径向分量上差异的平均 RMS 值

IGS-RT Service	TYPE	along（cm）	cross（cm）	radial（cm）
CLK01	GPS	4.00	2.12	1.34
	GLONASS	9.15	4.30	2.99

续表

IGS-RT Service	TYPE	along（cm）	cross（cm）	radial（cm）
CLK81	GPS	6.46	3.65	1.83
	GLONASS	8.70	6.06	2.83
CLK92	GPS	6.54	6.34	3.00
	GLONASS	9.69	7.81	2.99
	Galileo	8.31	4.66	2.68
	BDS GEO	59.79	43.33	28.97
	BDS IGSO	50.22	24.74	16.58
	BDS MEO	17.13	9.68	4.48
GFZC2	GPS	15.13	12.92	5.61
	GLONASS	19.50	13.67	5.85
	Galileo	29.56	13.67	9.44
	BDS GEO	65.83	12.90	14.63
	BDS IGSO	22.02	40.96	25.28
	BDS MEO	34.05	17.23	7.23
GFZD2	GPS	10.56	9.77	3.89
	GLONASS	13.68	9.57	4.04
	Galileo	14.31	13.60	8.56
	BDS GEO	60.37	15.70	14.47
	BDS IGSO	24.98	27.54	10.48
	BDS MEO	16.00	10.95	4.40

6.2.3 不同分析中心实时钟差产品评估

本小节将评估和比较不同分析中心播发的多系统实时钟差产品的质量。实验数据采用 CLK01、CLK81、CLK92、GFZC2 以及 GFZD2 五个挂载点 2017 年 084 天至 101 天播发的多系统实时钟差产品。其中，CLK92、GFZC2 和 GFZD2 挂载点可以播发四系统实时钟差产品（GPS+GLONASS+BDS+Galileo），而 CLK01 和 CLK81 仅能播放双系统实时钟差产品（GPS+GLONASS）。本次实验采用 GFZ 最终钟差产品作为参考值，并用实时钟差产品与 GFZ 最终钟差产品做二次差，并统计其标准差（Standard Derivation，STD）作为评价实时钟差产品质量的指标，这样做的主要目的是消除不同分析中心钟差产品因所选基准不一致而产生的影响（楼益栋等，2009）。

图 6-3 中展示了各挂载点播发的每颗 GPS 卫星的实时钟差与 GFZ 最终钟差产品差异的 STD 值。从图 6-3 中可以看出，相比于其他星座，GPS 实时钟差与 GFZ 最终钟差产品符合性最好，特别是 CLK92 播发的实时产品，其 STD 值一般小于 0. 15ns。CLK01 比 CLK82 播发的 GPS 卫星实时钟差产品精度更高，其绝大部分 GPS 卫星的实时钟差的 STD 值小于 0. 2ns。GFZC2 和 GFZD2 播发的 GPS 实时钟差产品的质量较差，大部分卫星实时钟差的 STD 在 0. 3ns 左右。

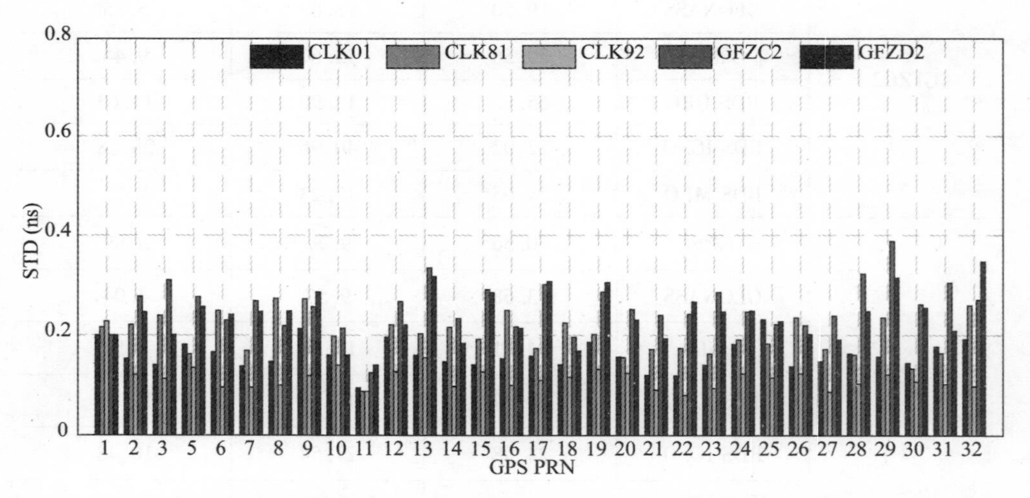

图 6-3 各挂载点播发的每颗 GPS 卫星的 IGS-RT 钟差与 GFZ 最终钟差产品差异的 STD 值

图 6-4 中展示了各挂载点播发的每颗 GLONASS 卫星的实时钟差与 GFZ 最终钟差产品差异的 STD 值。如图 6-4 所示，CLK01 播发的实时钟差与 GFZ 最终钟差产品符合得最好，每颗卫星钟差的 STD 值约为 0. 2ns。CLK92 播发的每颗卫星的实时钟差 STD 值在 0. 3 到 0. 4ns，GFZC2 和 GFZD2 播发的每颗卫星实时钟差产品的 STD 值在 0. 2 到 0. 4ns。除少数卫星外，GFZC2 和 GFZD2 播发的实时钟差产品的精度比 CLK92 播发的实时钟差产品精度高。

图 6-5 中展示了各挂载点播发的每颗 BDS 和 Galileo 卫星的实时钟差与 GFZ

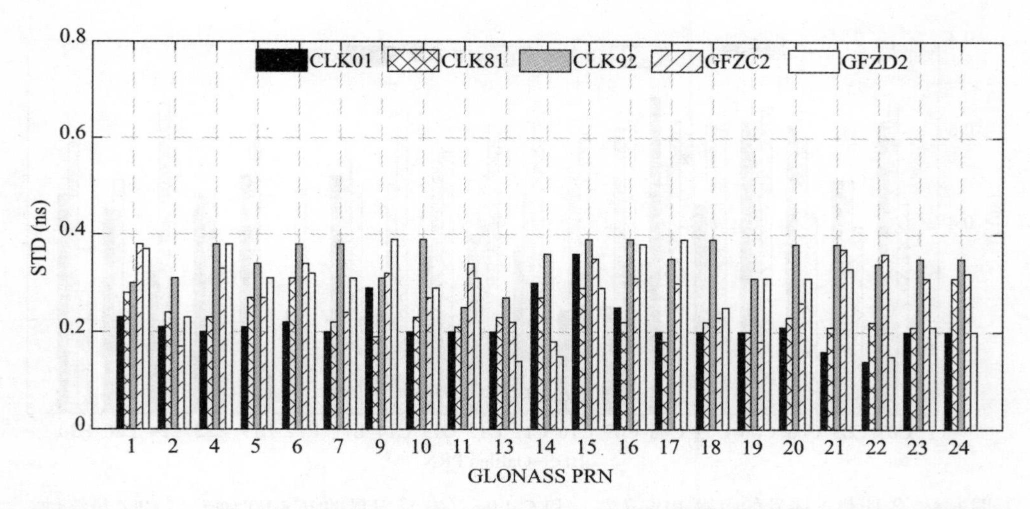

图 6-4 各挂载点播发的每颗 GLONASS 卫星的 IGS-RT 钟差与 GFZ 最终钟差产品差异的 STD 值

最终钟差产品差异的 STD 值。如图 6-5 所示，CLK92 播发 Galileo 实时钟差比 GFZC2 和 GFZD2 播发的 Galileo 实时钟差精度更高，除 E11 卫星的实时钟差精度较低外，其他 Galileo 卫星的实时钟差 STD 值小于 0.3ns。GFZC2 播发的每颗 Galileo 卫星的实时钟差质量最差。对于 BDS 卫星来说，CLK92 播发的 BDS GEO 卫星的实时钟差质量最高，每颗卫星钟差的 STD 约为 0.4ns。GFZD2 播发的 BDS MEO 卫星的实时钟差精度最高，每颗卫星钟差的 STD 在 0.2~0.4ns，与 CLK92 和 GFZC2 相比，除少数卫星外，GFZD2 播发的每颗 BDS IGSO 和 MEO 卫星实时钟差的精度可以提高约 0.2~0.4ns。

图 6-6 展示了各挂载点上播发的每个系统的实时钟差和 GFZ 最终钟差产品之间差异的平均 STD 值。如图 6-6 所示，对于 GPS 卫星来说，CLK92 挂载点提供的实时钟差精度最高，而 GFZC2 和 GFZD2 提供的实时钟差精度最差。CLK01、CLK81、CLK92、GFZC2 和 GFZD2 播发的实时钟差的平均 STD 分别为 0.16ns、0.20ns、0.12ns、0.24ns 和 0.24ns。对于 GLONASS 卫星来讲，CLK01 和 CLK81 挂载点播发的实时钟差精度较高，其 STD 值分别为 0.22ns 和 0.24ns，而 CLK92 挂载点播发的实时钟差精度最差，其 STD 值为 0.35ns。GFZC2 和 GFZD2 提供的 GLONASS 实时钟差精度相当，STD 值约为 0.29ns。对于 Galileo 卫星来说，

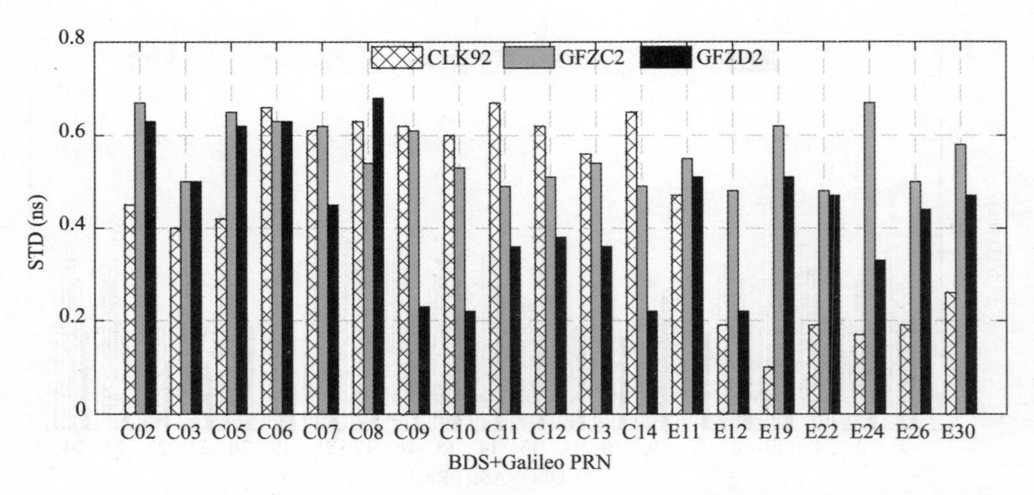

图 6-5　各挂载点播发的每颗 BDS（左）和 Galileo（右）卫星的 IGS-RT 钟差与 GFZ 最终钟差产品差异的 STD 值

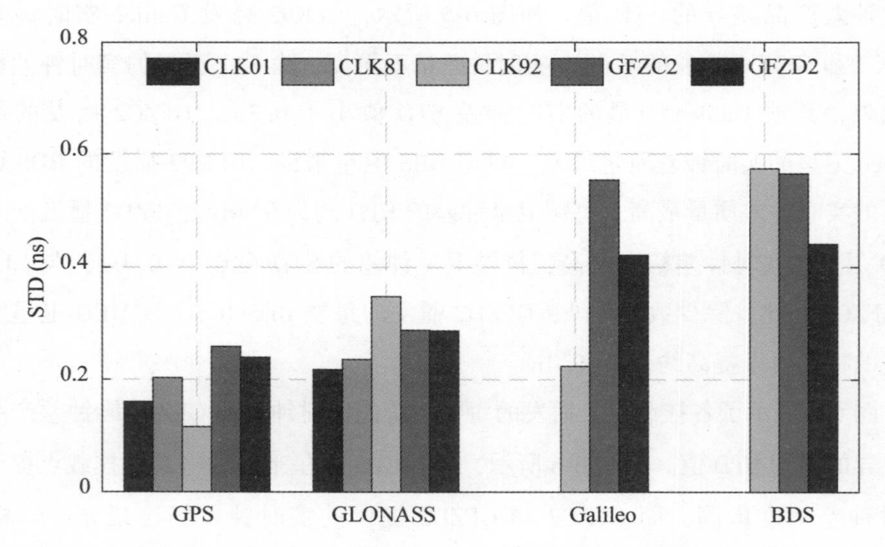

图 6-6　各挂载点 GPS、GLONASS、Galileo 和 BDS 系统 IGS-RT 钟差产品与 GFZ 最终钟差产品差异的平均 STD

CLK92 挂载点播发的实时钟差精度要比 GFZC2 和 GFZD2 播发的实时钟差精度高，其 STD 值分别为 0. 22ns、0. 55ns 和 0. 42ns。对于 BDS 卫星来讲，GFZD2 挂载点播发的实时钟差精度更高，CLK92 和 GFZC2 挂载点提供的实时钟差精度相近。CLK92、GFZC2 和 GFZD2 三个挂载点播发的 BDS 实时钟差 STD 值分别为 0.57ns、0.56ns 和 0.44ns。

相比于其他 GNSS 系统，GPS 卫星实时钟差与 GFZ 最终钟差产品符合得最好，GLONASS 实时钟差精度比 GPS 实时钟差精度略低。目前，各分析中心播发 Galileo 卫星实时钟差精度的差异比较大，这可能是由于 Galileo 跟踪站的数量仍然有限，不同分析中心选站的策略有差异。此外，BDS 实时钟差的精度最低，这与 BDS 全球分布的跟踪站不均匀有很大的关系，随着 BDS 在轨卫星的增加以及更密更多的全球跟踪站，未来 BDS 实时钟差的精度有望得到改善（Montenbruck et al., 2013b）。

6.3 GPS+Galileo 三频非组合 PPP 模糊度固定方法

多系统 GNSS 的融合可以提供更多的观测值，增强卫星和测站间的几何结构，提高模糊度固定的正确率，缩短 PPP 固定解的首次固定时间（Li et al., 2017; Li et al., 2018）。因此，利用多系统和多频率 GNSS 观测值的融合有望进一步提高 PPP 固定解的性能。本小节将研究利用 GPS 和 Galileo 双系统的三频观测值实现非组合 PPP 模糊度固定。实际上，多系统三频 PPP 模糊度固定和单系统三频 PPP 模糊度固定的方法和过程大致相同，均可按前面几个章节提出的思路进行处理，本小节将主要侧重研究多系统和单系统模糊度固定有所区别的关键问题：包括多系统多频 PPP 函数模型和随机模型，以及多系统三频模糊度的融合方法。

6.3.1 GPS+Galileo 三频非组合 PPP 函数模型

由以上章节可知，GPS 和 Galileo 原始的伪距和载波相位在每个频率上的观测方程可以如下表示：

$$P_{r,n}^{G}=\rho_{r}^{G}+t_{r,G}-t^{G}+\gamma_{n}\cdot I_{r,1}^{G}+T_{r}^{s}+(d_{r,G,n}+\Delta d_{r,G,n})-(d_{n}^{G}+\Delta d_{n}^{G})+\varepsilon_{r,n}^{G} \tag{6.1}$$

$$P_{r,n}^{E}=\rho_r^{E}+t_{r,E}-t^{E}+\gamma_n\cdot I_{r,1}^{E}+T_r^{s}+(d_{r,E,n}+\Delta d_{r,E,n})-(d_n^{E}+\Delta d_n^{E})+\varepsilon_{r,n}^{E} \tag{6.2}$$

$$L_{r,n}^{G}=\rho_r^{G}+t_{r,G}-t^{G}-\gamma_n\cdot I_{r,1}^{G}+T_r^{s}+\lambda_n^{G}\cdot N_{r,n}^{G}+\lambda_n^{G}\cdot(b_{r,G,n}+\Delta b_{r,G,n})-\lambda_n^{G}(b_n^{G}+\Delta b_n^{G})+\xi_{r,n}^{G} \tag{6.3}$$

$$L_{r,n}^{E}=\rho_r^{E}+t_{r,E}-t^{E}-\gamma_n\cdot I_{r,1}^{E}+T_r^{s}+\lambda_n^{E}\cdot N_{r,n}^{E}+\lambda_n^{E}\cdot(b_{r,E,n}+\Delta b_{r,E,n})-\lambda_n^{E}(b_n^{E}+\Delta b_n^{E})+\xi_{r,n}^{E} \tag{6.4}$$

式中，符号 G 和 E 分别表示 GPS 和 Galileo 系统，其余符号同以上章节。

根据以上章节的讨论，通过参数规整，GPS/Galileo 双系统三频非组合 PPP 观测方程可以如下表示：

$$\begin{cases}\bar{P}_{r,1}^{G}=\mu\cdot X+t_{r,G,12}+\gamma_1\cdot\bar{I}_{r,1}^{G}+m_r^{G}\cdot \mathrm{zwd}_r+\Delta b_1^{G}+\varepsilon_{r,1}^{G}\\ \bar{P}_{r,2}^{G}=\mu\cdot X+t_{r,G,12}+\gamma_2\cdot\bar{I}_{r,1}^{G}+m_r^{G}\cdot \mathrm{zwd}_r+\Delta b_2^{G}+\varepsilon_{r,2}^{G}\\ \bar{P}_{r,5}^{G}=\mu\cdot X+t_{r,G,12}+\gamma_5\cdot\bar{I}_{r,1}^{G}+m_r^{G}\cdot \mathrm{zwd}_r+\mathrm{IFB}_r^{G}+\gamma_5\cdot\beta_{12}\cdot(\Delta b_1^{G}-\Delta b_2^{G})+\Delta b_{IF_{12}}^{G}+\varepsilon_{r,5}^{G}\\ \bar{P}_{r,1}^{E}=\mu\cdot X+t_{r,E,15}+\gamma_1\cdot\bar{I}_{r,1}^{E}+m_r^{E}\cdot \mathrm{zwd}_r+\Delta b_1^{E}+\varepsilon_{r,1}^{E}\\ \bar{P}_{r,5}^{E}=\mu\cdot X+t_{r,E,15}+\gamma_5\cdot\bar{I}_{r,1}^{E}+m_r^{E}\cdot \mathrm{zwd}_r+\Delta b_5^{E}+\varepsilon_{r,5}^{E}\\ \bar{P}_{r,7}^{E}=\mu\cdot X+t_{r,E,15}+\gamma_7\cdot\bar{I}_{r,1}^{E}+m_r^{E}\cdot \mathrm{zwd}_r+\mathrm{IFB}_r^{E}+\gamma_7\cdot\beta_{15}\cdot(\Delta b_1^{E}-\Delta b_5^{E})+\Delta b_{IF_{15}}^{E}+\varepsilon_{r,7}^{E}\end{cases} \tag{6.5}$$

$$\begin{cases}\bar{L}_{r,1}^{G}=\mu\cdot X+t_{r,G,12}-\gamma_1\cdot\bar{I}_{r,1}^{G}+m_r^{G}\cdot \mathrm{zwd}_r+\bar{N}_{r,1}^{G}+\xi_{r,1}^{G}\\ \bar{L}_{r,2}^{G}=\mu\cdot X+t_{r,G,12}-\gamma_2\cdot\bar{I}_{r,1}^{G}+m_r^{G}\cdot \mathrm{zwd}_r+\bar{N}_{r,2}^{G}+\xi_{r,2}^{G}\\ \bar{L}_{r,5}^{G}=\mu\cdot X+t_{r,G,12}-\gamma_5\cdot\bar{I}_{r,1}^{G}+m_r^{G}\cdot \mathrm{zwd}_r+\bar{N}_{r,5}^{G}+\mathrm{IFCB}^{G}+\xi_{r,5}^{G}\\ \bar{L}_{r,1}^{E}=\mu\cdot X+t_{r,E,15}-\gamma_1\cdot\bar{I}_{r,1}^{E}+m_r^{E}\cdot \mathrm{zwd}_r+\bar{N}_{r,1}^{E}+\xi_{r,1}^{E}\\ \bar{L}_{r,5}^{E}=\mu\cdot X+t_{r,E,15}-\gamma_2\cdot\bar{I}_{r,1}^{E}+m_r^{E}\cdot \mathrm{zwd}_r+\bar{N}_{r,2}^{E}+\xi_{r,2}^{E}\\ \bar{L}_{r,7}^{E}=\mu\cdot X+t_{r,E,15}-\gamma_7\cdot\bar{I}_{r,1}^{E}+m_r^{E}\cdot \mathrm{zwd}_r+\bar{N}_{r,7}^{E}+\mathrm{IFCB}^{E}+\xi_{r,7}^{E}\end{cases} \tag{6.6}$$

其中，

$$
\begin{cases}
\mathrm{DCB}_{r,G,12} = d_{r,G,2} - d_{r,G,1}, \mathrm{DCB}^{G,12} = d_2^G - d_1^G \\
d_{r,G,IF_{12}} = \alpha_{12} d_{r,G,1} + \beta_{12} d_{r,G,2} \\
\bar{I}_{r,1}^G = I_{r,1}^G - \beta_{12}(\mathrm{DCB}_{r,G,12} - \mathrm{DCB}^{G,12} + \Delta b_1^G - \Delta b_2^G) \\
t_{r,G,12} = t_r + d_{r,G,IF_{12}} \\
\bar{N}_{r,1}^G = -\gamma_1 \cdot \beta_{12} \cdot (\mathrm{DCB}_{r,G,12} - \mathrm{DCB}^{G,12}) - d_{r,G,IF_{12}} + d_{IF_{12}}^G + \lambda_1 \cdot (N_{r,1}^G + b_{r,G,1} - b_1^G) \\
\bar{N}_{r,2}^G = -\gamma_2 \cdot \beta_{12} \cdot (\mathrm{DCB}_{r,G,12} - \mathrm{DCB}^{G,12}) - d_{r,G,IF_{12}} + d_{IF_{12}}^G + \lambda_2 \cdot (N_{r,2}^G + b_{r,G,2} - b_2^G) \\
\bar{N}_{r,5}^G = -\gamma_5 \cdot \beta_{12} \cdot (\mathrm{DCB}_{r,G,12} - \mathrm{DCB}^{G,12}) - d_{r,G,IF_{12}} + d_{IF_{12}}^G + \lambda_5 \cdot (N_{r,5}^G + b_{r,G,5} - b_5^G) \\
\mathrm{IFB}_r^G = \gamma_5 \cdot \beta_{12} \cdot (\mathrm{DCB}_{r,G,12} - \mathrm{DCB}^{G,12}) - d_{r,G,IF_{12}} + d_{IF_{12}}^G + d_{r,G,5} - d_5^G \\
\mathrm{IFCB}^G = \Delta b_{IF_{12}}^G - \Delta b_5^G + \gamma_5 \cdot \beta_{12} \cdot (\Delta b_1^G - \Delta b_2^G)
\end{cases}
\tag{6.7}
$$

$$
\begin{cases}
\mathrm{DCB}_{r,E,15} = d_{r,E,5} - d_{r,E,1}, \mathrm{DCB}^{E,15} = d_5^E - d_1^E \\
d_{r,E,IF_{15}} = \alpha_{15} d_{r,E,1} + \beta_{15} d_{r,E,5} \\
\bar{I}_{r,1}^E = I_{r,1}^E - \beta_{15}(\mathrm{DCB}_{r,E,15} - \mathrm{DCB}^{E,15} + \Delta b_1^E - \Delta b_5^E) \\
t_{r,E,15} = t_r + d_{r,E,IF_{15}} \\
\bar{N}_{r,1}^E = -\gamma_1 \cdot \beta_{15} \cdot (\mathrm{DCB}_{r,E,15} - \mathrm{DCB}^{E,15}) - d_{r,E,IF_{15}} + d_{IF_{15}}^E + \lambda_1 \cdot (N_{r,1}^E + b_{r,E,1} - b_1^E) \\
\bar{N}_{r,5}^E = -\gamma_5 \cdot \beta_{15} \cdot (\mathrm{DCB}_{r,E,15} - \mathrm{DCB}^{E,15}) - d_{r,E,IF_{15}} + d_{IF_{15}}^E + \lambda_5 \cdot (N_{r,5}^E + b_{r,E,5} - b_5^E) \\
\bar{N}_{r,7}^E = -\gamma_7 \cdot \beta_{15} \cdot (\mathrm{DCB}_{r,E,15} - \mathrm{DCB}^{E,15}) - d_{r,E,IF_{15}} + d_{IF_{15}}^E + \lambda_7 \cdot (N_{r,7}^E + b_{r,E,7} - b_7^E) \\
\mathrm{IFB}_r^E = \gamma_7 \cdot \beta_{15} \cdot (\mathrm{DCB}_{r,E,15} - \mathrm{DCB}^{E,15}) - d_{r,E,IF_{15}} + d_{IF_{15}}^E + d_{r,E,7} - d_7^E \\
\mathrm{IFCB}^G = \Delta b_{IF_{15}}^E - \Delta b_7^E + \gamma_7 \cdot \beta_{15} \cdot (\Delta b_1^E - \Delta b_5^E)
\end{cases}
\tag{6.8}
$$

式中，所有符号同以上章节。值得说明的是，在双系统三频观测值统一处理时，两个系统的频间钟偏差参数 IFCB 只需要改正 GPS 系统的，因为 Galileo 系统的 IFCB 相对较小，并不会影响定位结果（Cai et al.，2016；Pan et al.，2018）。两个系统所估计的接收机钟差参数不同，这主要是由于两个系统的伪距硬件延迟不同所造成的，因此，在进行参数估计的时候，可以选择估计 GPS 和 Galileo 系统两套接收机钟差，也可以选择只估计其中一个系统的接收机钟差，并再额外地引入一个系统间偏差参数 ISB^{G-E}。所以，GPS/Galileo 双系统三频非组合 PPP 观测方程的待估参数为：

$$[X,\ t_{r,G,12},\ t_{r,E,12},\ \bar{I}^{G}_{r,1},\ \bar{I}^{E}_{r,1},\ \mathrm{zwd}_r,\ \mathrm{IFB}^{G}_{r},\ \mathrm{IFB}^{E}_{r},\ \bar{N}^{G}_{r,1},\ \bar{N}^{G}_{r,2},\ \bar{N}^{G}_{r,5},\ \bar{N}^{E}_{r,1},\ \bar{N}^{E}_{r,5},\ \bar{N}^{E}_{r,7}] \tag{6.9}$$

或者：

$$[X,\ t_{r,G,12},\ \mathrm{ISB}^{G-E},\ \bar{I}^{G}_{r,1},\ \bar{I}^{E}_{r,1},\ \mathrm{zwd}_r,\ \mathrm{IFB}^{G}_{r},\ \mathrm{IFB}^{E}_{r},\ \bar{N}^{G}_{r,1},\ \bar{N}^{G}_{r,2},\ \bar{N}^{G}_{r,5},\ \bar{N}^{E}_{r,1},\ \bar{N}^{E}_{r,5},\ \bar{N}^{E}_{r,7}] \tag{6.10}$$

6.3.2　GPS+Galileo 三频非组合 PPP 随机模型

如前所述，随机模型对 PPP 定位性能、质量控制等方面都有较大的影响。在 GNSS 数据处理中，确定一套随机模型需考虑很多层面：包括观测值质量、模型的动态变化和待估参数的特性等（李盼，2016）。然而，多频多系统 PPP 的随机模型与双频单系统 PPP 的随机模型在很多地方是相似的，可直接借鉴。有所区别的地方主要在于多频多系统 PPP 由于增加了新频率和新系统的观测量，需要重新匹配这些观测量之间的先验关系，主要包括：确定不同系统同类观测值之间以及同一系统同类观测值不同频率之间的先验关系。这些新的先验关系的构建可通过拓展现有的双频非组合 PPP 随机模型来完成，因此，GPS+Galileo 三频非组合随机模型可按如下表达式确定：

$$\boldsymbol{\Sigma} = \begin{bmatrix} \sigma^{G}_{L1} & & & & & \\ & \sigma^{G}_{L2} & & & & \\ & & \sigma^{G}_{L3} & & & \\ & & & \sigma^{E}_{E1} & & \\ & & & & \sigma^{E}_{E5a} & \\ & & & & & \sigma^{E}_{E5b} \end{bmatrix} = \boldsymbol{I} \cdot \sigma_0^2 \cdot a_0^2 \cdot \mathrm{fre}_i^2 \cdot \mathrm{sys}_j^2 \tag{6.11}$$

其中，

$$a_0 = \begin{cases} 1, & E \geqslant 30 \\ 1/2\sin E, & E < 30 \end{cases} \tag{6.12}$$

式中，$\boldsymbol{I}$ 表示单位矩阵；σ_0 表示伪距或载波相位观测值先验标准差；a_0 表示高度角加权因子；fre_i 表示频率缩放因子；sys_j 表示卫星系统缩放因子。需要注意的是，若每个频率的频率缩放因子相同，则表示各频率观测量之间等精度；若各系统的卫星系统缩放因子相同，则表示各卫星系统观测量之间等精度。然而，目前各频

率 fre_i 和各系统 sys_j 的取值并无统一规定，需用户根据实际数据处理经验综合确定。

6.3.3 双系统三频模糊度融合方法

多系统多频模糊度固定方法和单系统多频模糊度固定方法相类似，可按第 4 章提出的模糊度固定方法进行处理，有所区别的地方在于，多系统模糊度固定时，在组成星间单差模糊度的过程中存在两种组合方式：系统间星间单差和系统内星间单差。所谓系统间星间单差就在进行星间单差的过程中，不同卫星系统只选择一个系统中的某颗卫星作为参考系，这种组合模式也被称为紧组合（Julien et al.，2003）。而所谓系统内星间单差就是在进行星间单差的过程中，不同卫星系统内部各自选择一颗参考星，这种组合模式也被称为松组合（Zhang et al.，2003）。

相比松组合，紧组合模式的优势在于只需选择一颗参考星，特别是在多星座建设的早期，某些星座可见卫星数量较少时，可以提高数据利用率，能够增加观测方程的数量（Odijk et al.，2012；Odolinski et al.，2015；Paziewski，Wielgosz，2015）。一些研究成果表明，在单系统卫星可见数量不足的情况下，相对定位中采用紧组合模型可提高模糊度固定的成功率（Odijk，Teunissen，2013；Paziewski，Wielgosz，2015；张小红等，2016）。

虽然，采用紧组合模式组星间单差从理论上来讲更优，但其在实际处理的过程中也带来了很多问题，例如，在 PPP 模糊度固定的过程中，由于同一频率上不同卫星系统的接收机硬件延迟不同，导致通过星间单差不能完全消除接收机硬件延迟，造成星间单差模糊度不具有整数特性，若要保证模糊度的整数特性，还需要额外地处理不同系统的接收机硬件延迟，给数据处理造成了极大的不便。此外，随着各系统可见卫星数量的增多，可利用的数据也逐渐增多，紧组合的优势也在逐渐下降。因此，在多系统 PPP 模糊度固定中，通常采用松组合模式（李盼，2016；Li et al.，2017；Li et al.，2018）。本书研究的 GPS+Galileo 双系统三频非组合 PPP 模糊度固定同样采用松组合模式，其模糊度融合的主要过程如下：

第一步，在 GPS 和 Galileo 系统内部各自任选一颗卫星作为参考星。

第二步，在 GPS 和 Galileo 系统内分别将参考星和非参考星在每个频率上形成星间单差模糊度，并通过质量控制排除不能通过检验的星间单差模糊度。

第三步，在 GPS 和 Galileo 系统内每个频率上各自筛选出相互独立的星间单差模糊度，并利用浮点解法方程，通过误差传播定律构造出对应的方差-协方差矩阵。

6.4　GPS+Galileo 三频非组合 PPP 固定解性能分析

利用6.3节提出的多频多系统 PPP 固定解方法，本节基于 IGS 最终精密星历和 IGS 实时精密星历，研究 GPS+Galileo 三频非组合 PPP 固定解定位性能，主要包括：6.4.2小节研究 PPP 固定解的首次固定时间；6.4.3小节研究 PPP 固定解的定位精度；并同时分析多系统三频 PPP 固定解相比于单系统三频 PPP 固定解的贡献。

6.4.1　实验数据与解算策略

利用2017年091至096天采样率为30s能够同时观测 GPS 和 Galileo 三频观测值的10个 MGEX 测站来验证 PPP 固定解。测站详细信息见表6-4。PPP 固定解处理模式为静态，详细处理策略同5.4.1节和4.4.1小节。最终精密轨道和钟差采用由 GFZ 发布的“gbm”多系统精密轨道和钟差产品，实时精密轨道和钟差采用 CLK92 挂载点播发的多系统实时轨道和钟差。相位偏差改正产品采用武汉大学测绘学院内测版的 SPB 和 IFCB。伪距偏差一致性改正产品采用 DLR 发布的多系统 DCB。

表6-4　**PPP 固定解测试测站及其接收机和天线类型**

测站名	接收机类型	天线类型
KOS1	SEPT POLARX4	LEIAR25. R3
GANP	TRIMBLE NETR9	TRM59800. 00
GRAC	LEICA GR25	TRM57971. 00
KAT1	SEPT POLARX5	LEIAR25. R3
TLSE	TRIMBLE NETR9	TRM59800. 00

续表

测站名	接收机类型	天线类型
AJAC	LEICA GR25	TRM57971.00
BOR1	TRIMBLE NETR9	TRM59800.00
DAV1	SEPT POLARX5	LEIAR25.R3
ZIM2	TRIMBLE NETR9	TRM59800.00
ZIM3	TRIMBLE NETR9	TRM59800.00

6.4.2 首次固定时间分析

图 6-7 展示了 2017 年 092 天 BOR1 测站上基于最终精密星历的 GPS+Galileo 三频非组合 PPP 浮点解、单 GPS 三频非组合 PPP 固定解和 GPS+Galileo 三频非组合 PPP 固定解在 E、N 和 U 方向上解算前 360 历元定位偏差。如图 6-7 所示，双系统三频 PPP 固定解明显比单系统三频 PPP 固定解和双系统三频 PPP 浮点解收敛得更快。双系统三频浮点解的收敛时间约为 20min，单系统三频固定解的首次固定时间约为 16min，而双系统三频固定解需约 12min 完成首次固定。相比双系统三频浮点解，收敛时间缩短约 40%；相比单系统三频固定解，首次固定时间缩短约 25%。此外，相比单系统三频固定解，双系统三频固定解的定位精度也略有提高。

为进一步研究 GPS+Galileo 三频 PPP 固定解的首次固定时间，表 6-5 分别统计了各测站 GPS 三频 PPP 浮点解（用“G_FLOAT”表示）和 GPS+Galileo 三频 PPP 浮点解（用“G+E_FLOAT 表示”）的平均收敛时间，以及 GPS 三频 PPP 固定解（用“G_FIX”表示）和 GPS+Galileo 三频 PPP 固定解（用“G+E_FIX 表示”）的平均首次固定时间。“NUM G/G+E”表示 GPS 和 GPS+Galileo 解算时段可用卫星数量。如表 6-5 所示，相比单系统三频 PPP 固定解，双系统三频 PPP 固定解的收敛性能得到明显改善。这主要是由于双系统的可用卫星数量相比单系统明显增多，从 5~6 颗增加到 7~11 颗。而可用卫星数量的增多会对 PPP 解算带来三点优势：第一，可用卫星数量的增多使得可利用的观测值增多，可加快 PPP 浮点解的收敛速度。如表 6-5 所示，双系统 PPP 浮点解的收敛时间也明显快

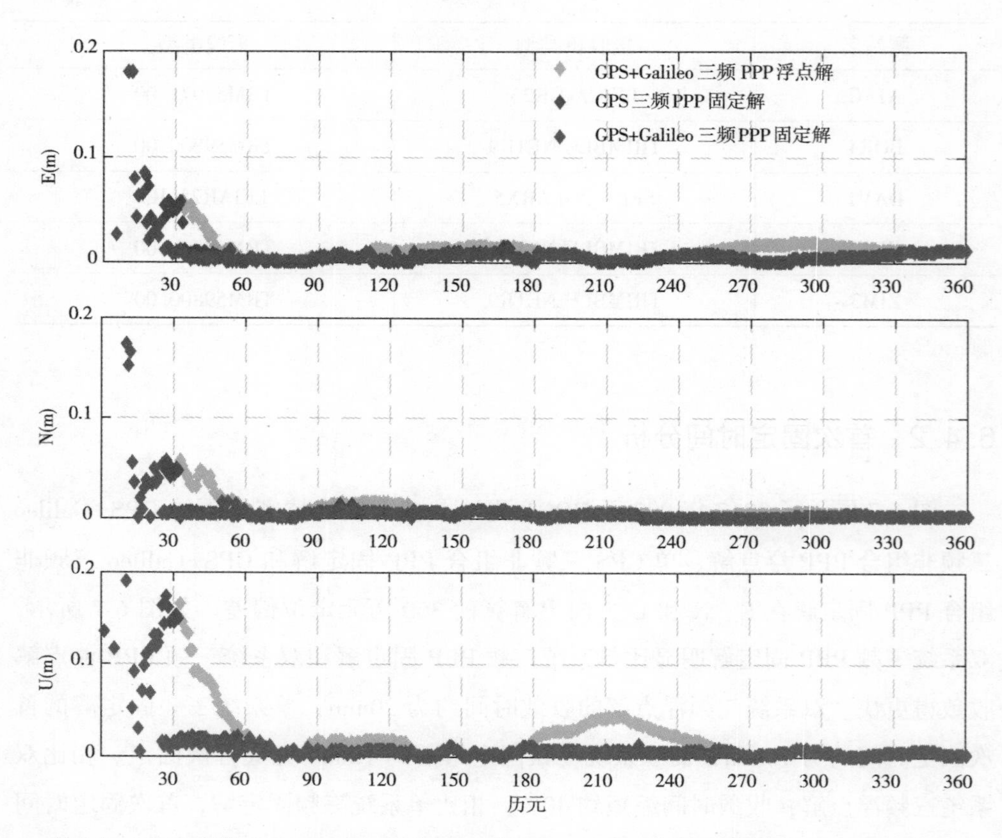

图 6-7　BOR1 测站 GPS+Galileo 三频 PPP 浮点解、GPS 三频 PPP 固定解和 GPS+Galileo 三频 PPP 固定解定位偏差时间序列

于单系统收敛时间，收敛时间缩短约 21.5%。第二，可用卫星数量的增多使卫星接收机间的空间几何强度更强，参数估计更稳健。第三，可用卫星数量的增多使可以筛选出更多的能通过质量检验可被固定的模糊度。实际上，就单或双系统 PPP 固定解自身而言，随着可用卫星数量的增多，固定解的首次固定时间也会有所改善。GPS 三频 PPP 固定解平均首次固定时间为 15.05min，而 GPS+Galileo 三频 PPP 固定解平均首次固定时间仅为 10.75min，缩短约 28.6%。此外，双系统三频 PPP 固定解首次固定时间比 GPS 和 GPS+Galileo 三频 PPP 浮点解的收敛时间分别快 49.6%和 35.8%。

表 6-5 **单/双系统三频静态 PPP 浮点解收敛时间及固定解 TTFF（min）**

	G_FLOAT	G+E_FLOAT	G_FIX	G+E_FIX	NUM G/G+E
KOS1	17	14.5	14	8.5	5-6/9-11
GANP	19	16	15	12	5/9-10
GRAC	23	16.5	14.5	12	5/7-8
KAT1	20	17	15	10.5	5/9-10
TLSE	24	18.5	17	11.5	5/8-9
AJAC	22.5	15.5	13	10	5-6/9-10
BOR1	25	21	16.5	12.5	5-6/8-9
DAV1	24	18	17	10	5-6/10-11
ZIM2	19	14	12.5	10.5	5-6/10-11
ZIM3	20	16.5	16	10	5-6/10-11
平均	21.35	16.75	15.05	10.75	

图 6-8 展示了 2017 年 092 天 AJAC 测站上基于实时精密轨道和钟差产品的 GPS+Galileo 三频非组合 PPP 浮点解、单 GPS 三频非组合 PPP 固定解和 GPS+Galileo 三频非组合 PPP 固定解在 E、N 和 U 方向上解算前 240 历元定位误差。如图 6-4 所示，同事后 PPP 结果相似，双系统三频实时 PPP 固定解比双系统三频实时 PPP 浮点解和单系统三频 PPP 实时固定解收敛得更快。该测站上，GPS 三频实时 PPP 固定解需约 25min 完成首次固定，而 GPS+Galileo 三频实时 PPP 固定解仅需约 15min，首次固定时间缩短约 40%。相比双系统实时 PPP 浮点解，双系统实时 PPP 固定解收敛可改善约 28.6%。此外，从定位精度来看，目前实时轨道和钟差的精度，可以满足实时 PPP 厘米级定位的需求。

表 6-6 进一步统计了 6 个测站上 GPS 三频实时 PPP 浮点解（用“G_FLOAT”表示）和 GPS+Galileo 三频实时 PPP 浮点解（用“G+E_FLOAT”表示）的平均收敛时间，以及 GPS 三频实时 PPP 固定解（用“G_FIX”表示）和 GPS+Galileo 三频实时 PPP 固定解（用“G+E_FIX”表示）的平均首次固定时间。同表 6-5 的结论相似，双系统三频实时 PPP 固定解的收敛性能显著优于其他三组解。统计结果显示，GPS+Galileo 三频实时 PPP 固定解平均首次固定时间为 19.25min，比 GPS 三频实时 PPP 固定解首次固定时间缩短约 23.2%，比 GPS+Galileo 三频实

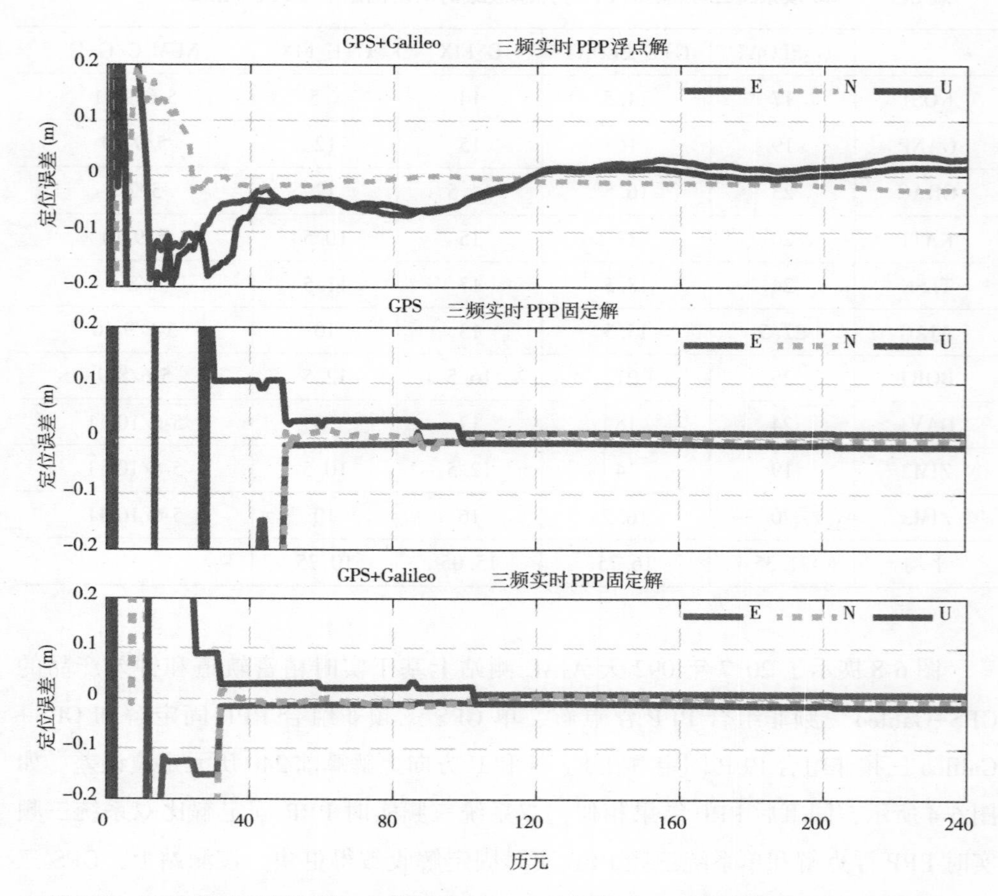

图 6-8　AJAC 测站三频实时 PPP 浮点解、GPS 三频实时 PPP 固定解和 GPS+Galileo 三频实时 PPP 固定解定位误差时间序列

时 PPP 浮点解收敛时间缩短约 23.8%，比 GPS 三频实时 PPP 浮点解收敛时间缩短约 36%。同事后 PPP 固定解相比，单或双系统实时 PPP 固定解平均首次固定时间慢约 10min。其原因主要有两点：第一，实时精密轨道和钟差的精度要低于最终精密轨道和钟差。第二，实时精密星历数据流在上传、数据传输、解码以及接收下载的过程中会存在数据丢失，导致可用卫星数量明显减少，对比表 6-5 和表 6-6 可以看出，各测站上参与实时 PPP 解算的 GPS+Galileo 卫星数要明显少于参与事后 PPP 解算的卫星数。

表 6-6 **单/双系统三频实时静态 PPP 浮点解收敛时间及固定解 TTFF (min)**

	G_FLOAT	G+E_FLOAT	G_FIX	G+E_FIX	NUM G/G+E
KOS1	26	24.5	23.5	21.5	5/7-8
GRAC	25	21.5	19.5	15.5	5/8-9
AJAC	30	21	25	15	5/8-9
DAV1	29	25.5	25.5	20.5	5/7-8
ZIM2	36	32	31	26	5/7-8
ZIM3	34.5	27	26	17	5/9-10
平均	30.08	25.25	25.08	19.25	

6.4.3 定位精度分析

图 6-9 统计了 GPS 三频 PPP 浮点解、GPS+Galileo 三频 PPP 浮点解、GPS 三频 PPP 固定解和 GPS+Galileo 三频 PPP 固定解分别在收敛/首次固定时间、1h、1.5h、2h，3h E、N 和 U 方向上定位偏差 RMS 值。如图 6-9 所示，单/双系统三频 PPP 浮点解在收敛时平均定位精度可达 5~6cm，而单/双系统三频 PPP 固定解在首次固定时平均定位精度可达到 2~3cm，相对于 PPP 浮点解，固定解的定位精度可提高 40%~50%。GPS 三频 PPP 固定解首次固定时在 E、N 和 U 方向上定位精度分别为 2.6cm、2.5cm 和 2.8cm，而 GPS+Galileo 三频 PPP 固定解首次固定时在 E、N 和 U 方向上定位精度分别为 2.2cm、2.0cm 和 2.3cm，三方向上定位精度分别提高约 15.4%、20%和 17.9%。随着观测时间的增加，PPP 浮点解和固定解的定位精度均有所提高，相比而言，PPP 浮点解精度提高得更显著，而且浮点解和固定解的定位精度逐渐接近。在解算 3h 左右，GPS+Galileo 三频 PPP 浮点解在 E、N 和 U 方向上定位精度分别可达到 1.3cm、0.7cm 和 2.1cm，GPS 三频 PPP 固定解在 E、N 和 U 方向上定位精度分别为 0.8cm、0.7cm 和 1.3cm，而 GPS+Galileo 三频 PPP 固定解在 E、N 和 U 方向上定位精度分别为 0.7cm、0.7cm 和 1.3cm。相比 GPS 三频 PPP 固定解，GPS+Galileo 三频 PPP 固定解在 E 方向上定位精度提高约 12.5%，在 N 和 U 方向上定位精度相当。相比 GPS+Galileo 三频 PPP 浮点解，GPS+Galileo 三频 PPP 固定解在 E 和 U 方向上定位精度提高约

38.4%和38.1%，N 方向上定位精度相当。总体而言，相比 PPP 浮点解，PPP 固定解的定位精度可以显著提高，然而，相比单系统 PPP 解，在比较开阔良好的观测环境下（不考虑城市、峡谷等极端环境），多系统 PPP 解在定位精度方面有所提高，但并不是十分显著。可以说，通常情况下，可用卫星数量只要能够满足 PPP 解算的必要观测，就可以实现高精度定位。

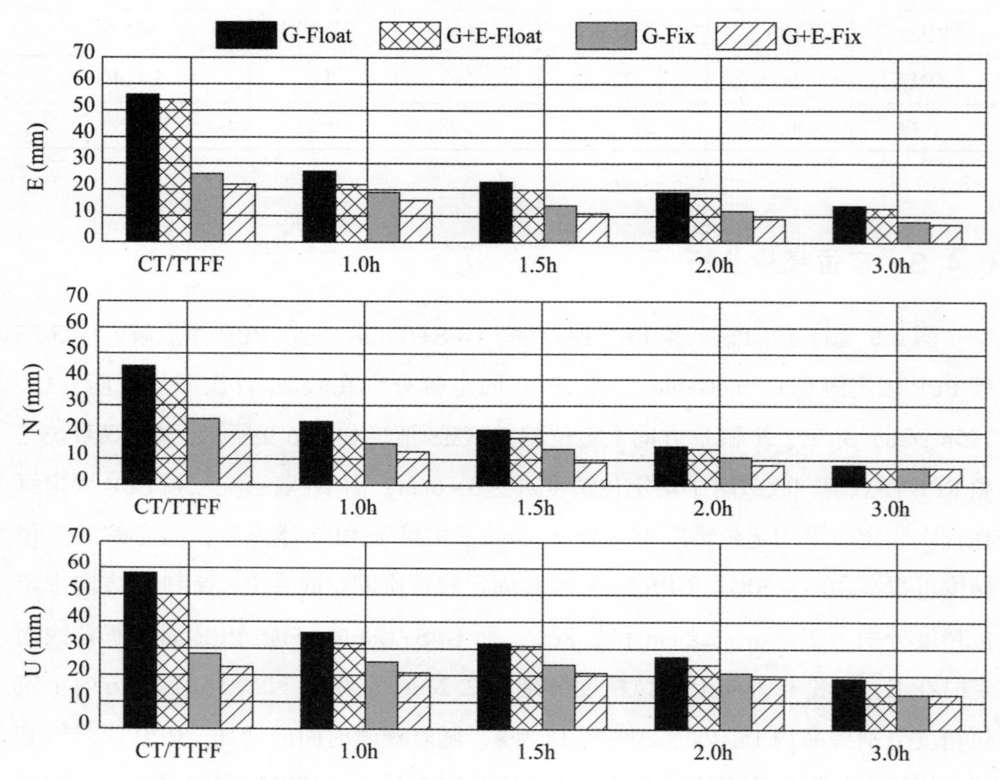

图 6-9　单/双系统三频 PPP 浮点解/固定解各时段在 E、N、U 方向上定位偏差 RMS

图 6-10 统计了 GPS 三频实时 PPP 浮点解、GPS+Galileo 三频实时 PPP 浮点解、GPS 三频实时 PPP 固定解和 GPS+Galileo 三频实时 PPP 固定解分别在收敛/首次固定时、1h、1.5h、2h，3h E、N 和 U 方向上定位偏差 RMS。如图 6-10 所示，单/双系统三频实时 PPP 浮点解在收敛时平均定位精度为 6~7cm，单/双系统三频 PPP 固定解在首次固定时平均定位精度可达到 3~4cm，相比事后 PPP 浮点解/固定解，定位精度低 1~2cm。相比其他三组合 PPP 解，GPS+Galileo 三频

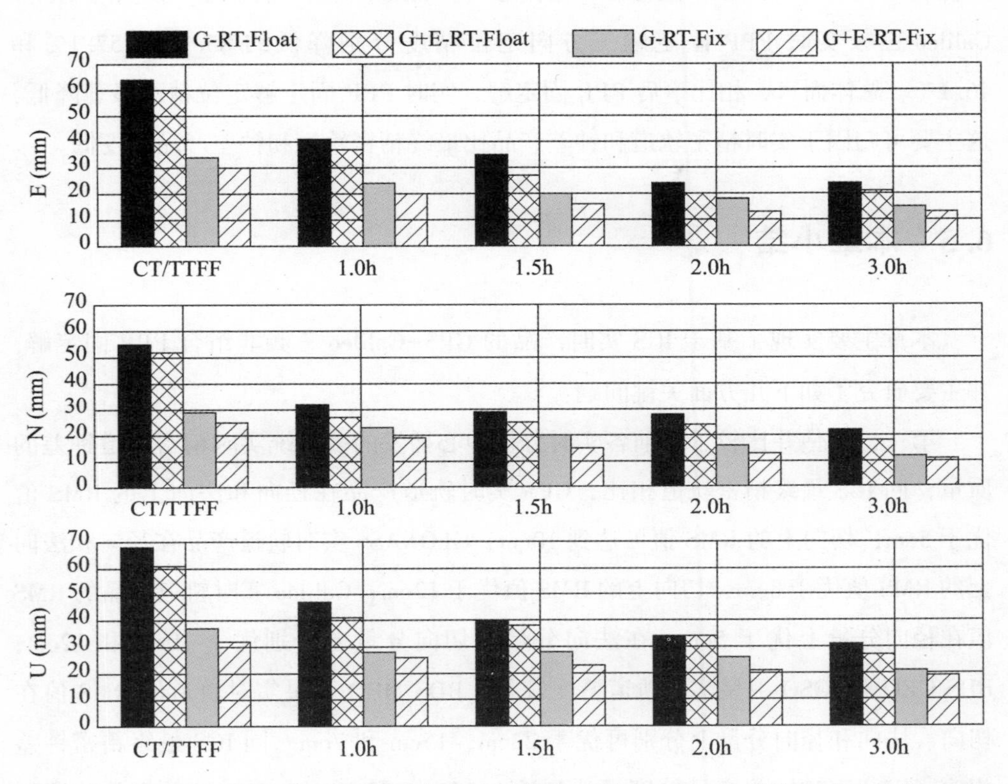

图 6-10 单/双系统三频实时 PPP 浮点解/固定解各时段在 E、N、U 方向上定位偏差 RMS

实时 PPP 固定解定位精度最高。首次固定时，GPS 三频实时 PPP 固定解在 E、N 和 U 方向上定位精度分别为 3. 4cm、2. 9cm 和 3. 7cm，而 GPS+Galileo 三频实时 PPP 固定解在 E、N 和 U 方向上定位精度分别为 3. 0cm、2. 5cm 和 3. 2cm，三方向定位精度分别提高约 11. 8%、13. 8%和 13. 5%。相比 GPS 三频事后 PPP 固定解，GPS 三频实时 PPP 固定解三方向定位精度分别降低约 30. 8%、16%和 32. 1%；相比 GPS+Galileo 三频事后 PPP 固定解，GPS+Galileo 三频实时 PPP 固定解三方向定位精度分别降低约 36. 3%、25%和 39. 1%。解算 3h 左右，GPS 三频实时 PPP 固定解在 E、N 和 U 方向上定位精度分别为 1. 5cm、1. 2cm 和 2. 1cm，而 GPS+Galileo 三频 PPP 实时固定解在 E、N 和 U 方向上定位精度分别为 1. 3cm、1. 1cm 和 1. 9cm，三方向定位精度分别提高约 13. 3%、8. 3%和 9. 5%。相比 GPS 三频事后 PPP 固定解，GPS 三频实时 PPP 固定解三方向定位精度分别降低约 87.5%、71.4%和 61.5%；相比 GPS+Galileo 三频事后 PPP 固定解，GPS+Galileo 三频实时 PPP 固定解三方向定位精度分别降低约 85.7%、57.1% 和 46.1%。总体而言，相比事后 PPP 固定解，实时 PPP 固定解定位精度显著降低，这主要可归因于实时精密轨道和钟差产品比最终精密轨道和钟差产品精度低。

6.5　本章小结

本章主要实现了基于 IGS 实时产品的 GPS+Galileo 三频非组合 PPP 固定解，并主要研究了如下几方面关键问题：

第一，评估并比较了目前各实时分析中心播发的多系统实时精密轨道钟差的质量，同 IGS 最终精密轨道相比，GPS 实时轨道产品在径向和法向上的 RMS 值优于 5cm，切向上的 RMS 值可达到 10cm；GLONASS 实时轨道产品在径向和法向上的 RMS 值优于 8cm，切向上的 RMS 值优于 12cm；Galileo 实时轨道产品的 RMS 值在径向分量上优于 5cm，在法向分量和切向分量上分别优于 10cm 和 12cm；BDS GEO 和 IGSO 卫星实时轨道精度较差，BDS MEO 卫星实时轨道的 RMS 值在切向、法向和径向分量上分别可优于 23cm、15cm 和 7cm。同 IGS 最终精密钟差相比，GPS 实时钟差产品精度可达到约 0.12ns；GLOBASS 实时钟差产品精度可达到约 0.22ns；Galileo 实时钟差产品精度可达约 0.22ns；BDS 实时钟差产品精度可达约 0.44ns。

第二，研究了多系统多频 PPP 模糊度融合固定的关键问题，主要包括：GPS+Galileo 三频非组合 PPP 函数模型和随机模型，提出了多频多系统 PPP 随机模型中需要同时顾及频率缩放因子和系统缩放因子，并研究了双系统三频非组合模糊度融合方法。

第三，研究了 GPS+Galileo 三频非组合事后/实时 PPP 固定解定位性能，结果表明：单 GPS 三频事后 PPP 固定解平均首次固定时间为 15.05min，而 GPS+Galileo 三频事后 PPP 固定解平均首次固定时间仅为 10.75min，缩短约 28.6%。GPS+Galileo 三频实时 PPP 固定解平均首次固定时间为 19.25min，比单 GPS 三频实时 PPP 固定解首次固定时间快约 23.2%。GPS+Galileo 三频事后 PPP 固定解首次固定时在 E、N 和 U 方向上定位精度分别为 2.2cm、2.0cm 和 2.3cm，相比单

GPS三频事后PPP固定解，三方向上定位精度分别提高约15.4%、20%和17.9%。GPS+Galileo三频实时PPP固定解首次固定时在E、N和U方向上定位精度分别为3.0cm、2.5cm和3.2cm，相比单GPS三频实时PPP固定解，三方向定位精度分别提高约11.8%、13.8%和13.5%。

第7章　结论与展望

本书主要研究如何利用多频率多系统 GNSS 观测值实现 PPP 模糊度快速固定，进而缩短 PPP 固定解的首次固定时间，同时提高 PPP 固定解的定位精度。围绕这一核心目标，本书从多频 PPP 的函数模型、多频 PPP 误差处理、多频 PPP 数据预处理和参数估计方法、多频卫星原始频率相位偏差估计、多频非组合模糊度快速固定方法、多频卫星偏差统一改正方法以及多频多系统模糊度融合固定方法等多方面展开深入研究和讨论。在研究和讨论过程中，本书提出了一些新技术和新方法，主要包括：提出了利用最大降相关组合估计原始频率 UPD，提出了适用于非组合 PPP 模型的多信息多频逐级模糊度固定方法以及提出了多频非组合 PPP 绝对卫星偏差统一改正等方法。同时，在上述研究的基础上自主研制了多频多系统 PPP 服务端和用户端模糊度固定软件。

7.1　工作总结

本书的主要工作与结论如下：

（1）深入分析了 PPP 技术的产生和发展，总结了目前多频多系统 PPP 研究现状以及所面临的主要问题。详细阐述了三种主要的三频 PPP 函数模型以及随机模型，讨论了三频 PPP 中的主要误差源及其处理方式，给出了适用于三频 PPP 的周跳探测方法并简要介绍序贯最小二乘参数估计方法。利用 BDS 三频观测数据分析三种三频 PPP 模型的定位性能，并指出非组合模型更适合 GNSS 数据的统一处理。

（2）简要回顾了传统原始频率 UPD 估计方法并指出其中的缺点，针对各个频率非组合模糊度之间的高度相关性，提出了一种基于最大模糊度降相关组合估计原始频率 UPD 的方法。该方法的主要思想和过程是，首先，通过非组合 PPP 获取各频率的浮点解模糊度及其方差-协方差矩阵；然后，利用其方差-协方差矩阵对各频率模糊度进行降相关处理，降相关方法可采用 LAMBDA Z 变换或者其他降相关方法，在降相关过程结束后可自动获得最大降相关组合；其次，利用最大降相关组合构造模糊度线性组合，利用构造的组合模糊度先估计出组合 UPD；最后，利用原始频率模糊度和组合模糊度的转换关系，将组合 UPD 转换成原始频率 UPD。利用 BDS 三频实测数据对提出的 UPD 估计新方法进行验证，并与传统方法估计出的 UPD 进行对比，结果表明，利用新方法估计出的 UPD 比传统方法估计的 UPD 内符合精度高，用新方法估计出的 UPD 实现的北斗三频 PPP 固定解的水平方向平均收敛时间可缩短约 8.9%，垂直方向平均收敛时间缩短 12.3%，3h 定位精度在 E、N 和 U 方向分别可提高约 11.1%、9.1%和 8.3%。

（3）简要回顾了经典的三频双差模糊度固定 TCAR/CIR 方法和经典的双频 PPP 宽巷/窄巷模糊度固定方法，通过借鉴这两种经典的模糊度固定方法并结合多频非组合模糊度的特点，提出了适合于多频非组合 PPP 模糊度固定的多信息逐级模糊度快速固定方法，该方法的主要思想是：利用尽可能多的观测信息辅助加速模糊度固定。一般来讲，由于多频非组合模糊度的高维度和高相关性，一般很难直接固定每个频率的模糊度。因此，该方法充分利用了多频模糊度线性组合特性，首先，按照先易后难的原则依次固定模糊度线性组合，利用前面固定解信息辅助加速后面的模糊度固定，并将固定好的模糊度线性组合约束到对应的法方程上，然后，再利用 LAMBDA 算法进一步加速各频率模糊度固定。该方法将 TCAR/CIR 中的逐级模糊度固定的思想同 LAMBDA 算法相结合，形成了一种多频非组合模糊度统一固定方法。利用 Galileo 观测数据对所提出的方法进行验证，同时基于该方法比较了三频 PPP 固定解和双频 PPP 固定解的定位性能，结果表明，相比双频 PPP 固定解，三频 PPP 固定解的首次固定时间和定位性能均有明显改善，验证了额外频率观测值对 PPP 快速模糊度固定的贡献。

（4）为便于实现多频非组合 PPP 固定解，针对多频非组合 PPP 中的卫星偏差改正问题，提出了一种多频绝对卫星偏差统一改正方法，包括时不变的 SCB、SPB 以及时变的 IFCB 的统一改正方法，并设计了对应格式的卫星偏差改正文件。绝对统一卫星偏差改正的基本思想是：将传统的各种相对形式的卫星偏差（如卫星DCB）或者组合形式卫星偏差（如WL/NL UPD）统一恢复成观测值域上绝对形式的偏差，绝对形式的偏差可直接改正到各频率原始观测值上。这种卫星偏差改正方法可适用于不同的多频PPP模型，更便于多频多系统PPP卫星偏差统一处理。

（5）首次分析了卫星伪距偏差SCB和卫星相位频间钟偏差IFCB对GPS三频非组合PPP模糊度固定的影响，实验结果表明：SCB主要影响PPP固定解的首次固定时间，对动态PPP固定解的影响更大，相比不改正SCB的PPP固定解，改正SCB的动态PPP固定解首次固定时间可缩短约29%，然而，SCB对PPP固定解定位精度的影响不显著；IFCB会同时影响PPP固定解的首次固定时间和定位精度，相比不改正IFCB的PPP固定解，改正IFCB的固定解首次固定时间可缩短约64.3%，定位精度可提高40%~60%。

（6）评估并比较了各实时分析中心CLK01、CLK81、CLK92、GFZC2以及GFZD2等5个挂载点播发的多系统实时精密轨道和精密钟差的质量，结果表明，CLK01挂载点播发的GPS实时精密轨道产品与IGS最终精密轨道产品的一致性最优，其实时轨道产品在径向和法向上的RMS值优于5cm，切向上的RMS值可达到10cm；CLK01播发的GLONASS实时精密轨道产品同样与IGS最终精密轨道产品一致性最优，其实时轨道产品在径向和法向上的RMS值均优于8cm，切向上的RMS值优于12cm；CLK92提供的Galileo实时轨道产品与IGS最终轨道产品的一致性最好，其实时轨道产品的RMS值在径向分量上优于5cm，在法向分量和切向分量上分别优于10cm和12cm；整体来讲，目前各挂载点播发的BDS卫星实时轨道精度较差，BDS MEO卫星实时轨道的RMS在切向、法向和径向分量上分别可优于23cm、15cm和7cm。CLK92播发的GPS实时钟差与IGS最终钟差产品符合性最好，其精度可达到约0.12ns；CLK01播发的GLONASS实时钟差与IGS最终钟差产品符合得最好，其精度可达约0.22ns；CLK92播发Galileo实时钟差质量最优，其精度可达约0.22ns；目前，BDS实时钟差产品精度可达约0.44ns。

（7）研究了多系统多频PPP模糊度融合固定中的关键问题，主要包括双系统三频非组合PPP函数模型和随机模型，提出了同时顾及频率缩放因子和系统缩放因子的多频多系统非组合PPP随机模型，并研究了双系统三频模糊度的松组合融合固定方法。基于该方法，实现了基于 IGS 实时/最终精密轨道和精密钟差的 GPS+Galileo 三频非组合 PPP 模糊度固定，结果表明，基于最终精密轨道和精密钟差产品单 GPS 三频 PPP 固定解平均首次固定时间为约 15.05min，而 GPS+Galileo 三频 PPP 固定解平均首次固定时间仅为 10.75min，缩短约 28.6%，其首次固定时在 E、N 和 U 方向上定位精度分别为 2.2cm、2.0cm 和 2.3cm，相比单 GPS 三频 PPP 固定解，三方向上定位精度分别提高约 15.4%、20% 和 17.9%；基于实时精密轨道和精密钟差产品的单 GPS 三频 PPP 固定解平均首次固定时间为约 25.08min，而 GPS+Galileo 三频 PPP 固定解平均首次固定时间为 19.25min，缩短约 23.2%，同时其首次固定时在 E、N 和 U 方向上定位精度分别为 3.0cm、2.5cm 和 3.2cm，相比单 GPS 三频 PPP 固定解，三方向定位精度分别提高约 11.8%、13.8%和 13.5%，验证了多系统三频 PPP 固定解比单系统三频 PPP 固定解定位性能更优。

7.2 未来展望

尽管本书在多频多模实时 PPP 固定解的模型、方法以及误差处理等方面做了比较系统、全面的研究，但是由于作者水平有限，仍然有许多方面值得深入讨论和拓展，作者拟从以下几个方面对本书进行拓展：

（1）目前，非组合 PPP 模型中的各类参数及观测值的随机模型还不够精确，这会对参数估计的精度和可靠性带来不利影响。因此，需要对多频多系统非组合 PPP 中的各项随机模型进一步研究。

（2）非组合模型虽然统一了多频多系统 GNSS 数据处理，但也产生了高维度的模糊度参数，而且这些模糊度参数之间具有高度的相关性，这为模糊度固定的质量控制带来了严峻挑战，高维度和高相关性的模糊度参数通常会破坏 LAMBDA 的降相关过程，使其效率变低，同时会导致 ratio 检验失效（Verhagen et al.，2012；董大南等，2018；Geng et al.，2019）。如何建立一套可靠的高维度和高相关性的模糊度整数检验方法和质量控制体系，也将是未来的研究重点。

（3）虽然利用多频多系统 GNSS 观测值在一定程度上缩短了 PPP 固定解的首次固定时间并提高了定位精度，但仍然没有从根本上解决 PPP 瞬时收敛这一难题，仍无法对单机用户提供全球无缝的瞬时厘米级位置服务，需要考虑引入其他的增强手段。幸运的是，近年来大力发展的低轨卫星为根本解决这一难题提供了可能，由于低轨卫星的运行速度快，会导致接收机卫星之间的几何结构发生快速变化，从而会显著提高位置参数的收敛速度。目前，已有部分相关文献利用仿真的低轨卫星观测数据来增强 PPP，实现了 PPP 的瞬时收敛（Li et al.，2019；Li et al.，2019）。因此，利用实测低轨卫星观测数据增强 PPP 将会是未来几年的研究热点，作者也将会在这一方面做进一步研究。

（4）即使 PPP 能够实现瞬时收敛，也无法对全球用户在任何环境下提供连续、可靠、稳定的厘米级位置服务，尤其在地下、隧道、城市密集楼群等环境下，这主要是由于 GNSS 信号本身的脆弱性所决定的（如易受干扰、易受欺骗等）。然而，这些环境却是大众化位置需求的集中地。因此，如果将专业的 PPP 技术应用于大众化的位置服务，就必须要结合其他的传感器来克服 GNSS 信号本身的缺陷。近年来，视觉定位、5G 信号、低成本激光雷达等新兴技术和低成本传感器的发展为 PPP 的地面增强带来了新的机遇。以现有的 PPP 理论、误差处理方法、参数估计方法为基础，最优融合新技术所能提供的观测信息，来解决位置参数估计的连续性、可靠性、稳定性等问题将会是本书作者未来的另外一个研究点。

参考文献

[1] Banville S, Collins P, Lahaye F. Concepts for undifferenced GLONASS ambiguity resolution [C]. In Proceedings of ION GNSS 2003. Nashville, TN, 2003: 1186-1197.

[2] Bisnath S, Gao Y. Current State of Precise Point Positioning and Future Prospects and Limitations [J]. International Association of Geodesy Symposia, 2007, 133: 615-623.

[3] Blewitt G. An Automatic Editing Algorithm for GPS data [J]. Geophysical Research Letters, 1990, 17 (3): 199-202.

[4] Boehm J, Niell A E, Tregoning P, Schuh H. Global Mapping Function (GMF): A New Empirical Mapping Function based on Data from Numerical Weather Model Data [J]. Geophysical Research Letters, 2006, 25 (33).

[5] Boehm J, Werl B, H Schuh H. Troposphere mapping functions for GPS and very long baseline interferometry from European Centre for Medium-Range Weather Forecasts operational analysis data [J]. Journal of Geophysical Research: Solid Earth, 2006, 111 (B2).

[6] Cai C, Gao Y. Modeling and assessment of combined GPS/GLONASS precise point positioning [J]. Gps Solutions, 2013, 17 (2): 223-236.

[7] Cai C, He C, Santerre R, et al. A comparative analysis of measurement noise and multipath for four constellations: GPS, BeiDou, GLONASS and Galileo [J]. Survey Review, 2016, 48 (349): 287-295.

[8] Cao W, O Keefe K, Cannon M. Partial ambiguity fixing within multiple frequencies and systems [C]. In: Proceedings of ION GNSS 2007, Fort Worth,

USA, 2007: 312-323.

[9] Chen W, Hu C, Li Z, Chen Y, Ding X, Gao S, Ji S. Kinematic GPS Precise Point Positioning for Sea Level Monitoring with GPS Buoy [J]. Journal of Global Positioning Systems, 2004, 3 (1-2): 302-307.

[10] Cocard M, Bourgon S E P, Kamali O, Collins P. A systematic investigation of optimal carrier-phase combinations for modernized triple-frequency GPS [J]. Journal of Geodesy, 2008, 82 (9): 555-564.

[11] Collins P, Bisnath S, Lahaye F, Héroux P. Undifferenced GPS Ambiguity Resolution using the Decoupled Clock Model and Ambiguity Datum Fixing [J]. Navigation, 2010, 57 (2): 123-135.

[12] De Jonge P J, Teunissen P J G, Jonkman N F, Joosten P. The distributional dependence of the range on triple frequency GPS ambiguity resolution [C]. In: Proceedings of ION-NTM 2000, 26-28 January, Anaheim, CA, 2000: 605-612.

[13] De Jonge P J, Tiberius C. The lambda method for integer ambiguity estimation: implementation aspects [J]. Technical Report LGR Series, 1996 (12).

[14] Defraigne P, Baire Q. Combining GPS and GLONASS for time and frequency transfer [J]. Advances in Space Research, 2011, 47 (2): 265-275.

[15] Deng Z, Zhao Q, Springer T, Prange L, Uhlemann M. Orbit and clock determination-BeiDou [C]. In: Proceedings of IGS workshop 2014, June 23-27, 2014, Pasadena, USA.

[16] Deo M, El-Mowafy A. Triple Frequency precise point positioning with multi-constellation GNSS [C]. In Proceedings of IGNSS Conference, 2016.

[17] Deo M, Elmowafy A. Triple-frequency GNSS models for PPP with float ambiguity estimation: performance comparison using GPS [J]. Survey Review, 2018, 50 (360): 249-261.

[18] Dilssner F, Springer T, Schönemann E, Enderle W. Estimation of satellite Antenna Phase Center corrections for BeiDou [C]. In Proceedings of IGS workshop 2014, June 23-27, 2014, Pasadena, USA.

[19] Elsobeiey M. Precise point positioning using triple-frequency GPS measurements

[J]. Journal of Navigation, 2015, 68 (03): 480-492.

[20] Feng Y. GNSS three carrier ambiguity resolution using ionosphere-reduced virtual signals [J]. Journal of Geodesy, 2008, 82 (12): 847-862.

[21] Forssell B, Martin-Neira M, Harris RA. Carrier Phase Ambiguity Resolution in GNSS-2 [C]. In: Proceedings of ION GPS-97, 16-19 September, Kansas City, MO, 1727-1736.

[22] Gao Y, Shen X. Improving ambiguity convergence in carrier phase-based precise point positioning [C]: In Proceedings of ION GPS 2001, September 11-14, 2001: 1532-1539.

[23] Ge M, Gendt G, Rothacher M, Shi C, Liu J. Resolution of GPS carrier-phase ambiguities in Precise Point Positioning (PPP) with daily observations [J]. Journal of Geodesy, 2008, 82 (7): 389-399.

[24] Geng J, Bock Y. GLONASS fractional-cycle bias estimation across inhomogeneous receivers for PPP ambiguity resolution [J]. Journal of Geodesy, 2016, 90 (4): 379-396.

[25] Geng J, Bock Y. Triple-frequency GPS precise point positioning with rapid ambiguity resolution [J]. Journal of Geodesy, 2013, 87 (5): 449-460.

[26] Geng J, Guo J, Chang H, Li X. Toward global instantaneous decimeter-level positioning using tightly coupled multi-constellation and multi-frequency GNSS [J]. Journal of Geodesy, 2019, 93 (7): 977-991.

[27] Geng J, Shi C, Ge M, Dodson A H, Lou Y, Zhao Q, Liu J. Improving the estimation of fractional-cycle biases for ambiguity resolution in precise point positioning [J]. Journal of Geodesy, 2012, 86 (8): 579-589.

[28] Geng J, Teferle F N, Shi C, Meng X, Dodson A H, Liu J. Ambiguity resolution in precise point position with hourly data [J]. GPS Solutions, 2009, 13 (4): 263-270.

[29] Gu S, Lou Y, Shi C, Liu J. BeiDou phase bias estimation and its application in precise point positioning with triple-frequency observable [J]. Journal of Geodesy, 2015, 89 (10): 979-992.

[30] Guo F, Zhang X, Wang J, Ren X. Modeling and assessment of triple-frequency BDS precise point positioning [J]. Journal of Geodesy, 2013, 90 (11): 1223-1235.

[31] Guo F, Zhang X, Wang J. Timing group delay and differential code bias corrections for BeiDou positioning [J]. Journal of Geodesy, 2015, 89 (5): 427-445.

[32] Guo J, Geng J. GPS satellite clock determination in case of inter-frequency clock biases for triple-frequency precise point positioning [J]. Journal of Geodesy, 2018, 92 (10): 1133-1142.

[33] Hammond W C, Wayne T. Northwest Basin and Range tectonic deformation observed with the Global Positioning System, 1999-2003 [J]. Journal of Geophysical Research Atmospheres, 2005, 110 (B10): 265-307.

[34] Hatch R, Jung J, Enge P, Pervan B. Civilian GPS: the benefits of three frequencies [J]. GPS Solutions, 2000, 3 (4): 1-9.

[35] Hatch R. The synergism of GPS code and carrier measurements [C]. In: Proceedings of the third international symposium on satellite Doppler positioning at physical sciences laboratory of New Mexico State University, 8-12 February 1985, vol 2: 1213-1231.

[36] Hauschild A E, Montenbruck O, Sleewaegen J, Huisman L, Teunissen P J. Characterization of compass M-1 signals [J]. GPS solutions, 2012, 16 (1): 117-126.

[37] Hopfield H. Two-quartic tropospheric refractivity profile for correcting satellite data [J]. Journal of Geophysical Research, 1969, 74 (18): 4487-4499.

[38] Jokinen A, Feng S, Schuster W, Ochieng W, Hide C, Moore T, Hill C. GLONASS Aided GPS Ambiguity Fixed Precise Point Positioning [J]. Journal of Navigation, 2013, 66 (3): 399-416.

[39] Julien O, Alves P, Cannon M et al. A tightly coupled GPS/GALILEO combination for improved ambiguity resolution [C]. In Proceedings of the European Navigation Conference (ENC-GNSS' 03), 2003: 1-14.

[40] Kouba J, Héroux P. Precise point positioning using IGS orbit and clock products [J]. GPS Solutions, 2001, 5 (2): 12-28.

[41] Larson K M, Bodin P, Comberg J. Using 1-Hz GPS data to Measure Deformations Caused by the Denali Fault Earthquake [J]. Science, 2003, 300 (5624): 1421-1424.

[42] Laurichesse D, Banville S Innovation: Instantaneous centimeter-level multi-frequency precise point positioning [J]. GPS World, 2018.

[43] Laurichesse D, Mercier F, Berthias J P, Broca P, Cerri L. Integer ambiguity resolution on undifferenced GPS phase measurements and its application to PPP and satellite precise orbit determination [J]. Navigation, 2009, 56 (2): 135-149.

[44] Laurichesse D. Carrier-phase ambiguity resolution: handling the biases for improved triple-frequency PPP convergence [J]. GPS World, 2015, 26 (4): 49-54.

[45] Le A Q, Tiberius C. Single-frequency precise point positioning with optimal filtering [J]. GPS Solutions, 2007, 11 (1): 61-69.

[46] Li B, Feng Y, Shen Y. Three carrier ambiguity resolution: distance-independent performance demonstrated using semi-generated triple frequency GPS signals [J]. GPS Solutions, 2010, 14 (2): 177-184.

[47] Li H, Li B, Xiao G, Wang J, Xu T. Improved method for estimating the inter-frequency satellite clock bias of triple-frequency GPS [J]. GPS Solutions, 2016, 20 (4): 751-760.

[48] Li H, Zhou X, Wu B. Fast estimation and analysis of the interfrequency clock bias for Block IIF satellites [J]. GPS Solutions, 2013, 17 (3): 347-355.

[49] Li P, Zhang X, Ge M, Schuh H. Three-frequency BDS precise point positioning ambiguity resolution based on raw observables [J]. Journal of Geodesy, 2018, 92 (12): 1357-1369.

[50] Li P, Zhang X, Guo F. Ambiguity resolved precise point positioning with GPS and Beidou [J]. Journal of Geodesy, 2017, 91 (9): 25-40.

[51] Li P, Zhang X, Ren X, Zuo X, Pan Y. Generating gps satellite fractional cycle bias for ambiguity-fixed precise point positioning [J]. GPS Solutions, 2016, 20 (4): 771-782.

[52] Li P, Zhang X. Precise Point Positioning with Partial Ambiguity Fixing [J]. Sensors, 2015, 15 (6): 13627-13643.

[53] Li X, Ge M, Dai X, et al. Accuracy and reliability of multi-GNSS real-time precise positioning: GPS, GLONASS, BeiDou, and Galileo [J]. Journal of Geodesy, 2015a, 89 (6): 607-635.

[54] Li X, Ge M, Zhang H, Nischan T, Wickert J. The GFZ real-time GNSS precise positioning service system and its adaption for COMPASS [J]. Advances in Space Research, 2013, 51 (6): 1008-1018.

[55] Li X, Li X, Ma F, Yuan Y, Zhang K, Zhou F, Zhang X. Improved PPP ambiguity resolution with the assistance of multiple LEO constellations and signals [J]. Remote Sensing, 2019, 11 (4): 408.

[56] Li X, Li X, Yuan Y, et al. Multi-GNSS phase delay estimation and PPP ambiguity resolution: GPS, BDS, GLONASS, Galileo [J]. Journal of Geodesy, 2018, 92 (6): 579-608.

[57] Li X, Ma F, Li X, et al. LEO constellation-augmented multi-GNSS for rapid PPP convergence [J]. Journal of Geodesy, 2019, 93 (5): 749-764.

[58] Li X, Zhang X, Ge M. Regional reference network augmented precise point positioning for instantaneous ambiguity resolution [J]. Journal of Geodesy, 2011, 85 (3): 151-158.

[59] Li X, Zhang X, Ren X, et al. Precise positioning with current multi-constellation Global Navigation Satellite Systems: GPS, GLONASS, Galileo and BeiDou [J]. Scientific Reports, 2015b, 5: 8328.

[60] Li X, Zhang X. Improving the Estimation of uncalibrated fractional phase offsets for PPP ambiguity resolution [J]. Journal of Navigation, 2012, 65 (3): 513-529.

[61] Liu G, Zhang X, Li P. Improving the performance of Galileo uncombined precise

point positioning ambiguity resolution using triple-frequency observations [J]. Remote Sensing, 2019a, 11 (3): 341.

[62] Liu G, Zhang X, Li P. Estimating multi-frequency satellite phase biases of BeiDou using maximal decorrelated linear ambiguity combinations [J]. GPS Solutions, 2019b, 23 (2): 42.

[63] Liu T, Yuan Y, Zhang B, et al. Multi-GNSS precise point positioning (MGPPP) using raw observations [J]. Journal of Geodesy, 2017, 91 (3): 1-16.

[64] Liu T, Zhang B, Yuan Y, Li Z, Wang N. Multi-GNSS triple-frequency differential code bias (DCB) determination withprecise point positioning (PPP) [J]. Journal of Geodesy, 2019, 93 (5): 765-784.

[65] Liu Y, Song W, Lou Y, et al. GLONASS phase bias estimation and its PPP ambiguity resolution using homogeneous receivers [J]. GPS Solutions, 2017, 21 (2): 427-437.

[66] Liu Y, Ye S, Song W, et al. Integrating GPS and BDS to shorten the initialization time for ambiguity-fixed PPP [J]. GPS Solutions, 2017b, 21 (2): 333-343.

[67] Liu Y, Ye S, Song W, et al. Rapid PPP ambiguity resolution using GPS+GLONASS observations [J]. Journal of Geodesy, 2017a, 91 (4): 441-455.

[68] Lou Y, Zheng F, Gu S, et al. Multi-GNSS precise point positioning with raw single-frequency and dual-frequency measurement models [J]. GPS Solutions, 2016, 20 (4): 849-862.

[69] Lu C, Chen X, Liu G, et al. Real-Time Tropospheric Delays Retrieved from Multi-GNSS Observations and IGS Real-Time Product Streams [J]. Remote Sensing, 2017, 9 (12): 1317.

[70] Melbourne W G. The case for ranging in GPS based geodetic systems [C]. In: Proceedings of the 1st international symposium on precise positioning with the global positioning system, Rockville, ML, 1985: 373-386.

[71] Montenbruck O, Hauschild A E, Steigenberger P, Hugentobler U, Teunissen P,

Nakamura S. Initial assessment of the COMPASS/BeiDou-2 regional navigation satellite system [J]. GPS solutions, 2013a, 17 (2): 211-222.

[72] Montenbruck O, Hauschild A, Steigenberger P, Langley R B. Three' s the challenge: a close look a GPS SVN62 triple-frequency signal combinations finds carrier-phase variations on the new L5 [J]. GPS World, 2010, 21 (8): 8-19.

[73] Montenbruck O, Hauschild A, Steigenberger P. Differential code bias estimation using multi-GNSS observations and global ionosphere maps [J]. Navigation, 2014, 61 (3): 191-201.

[74] Montenbruck O, Hugentobler U, Dach R, Steigenberger P, Hauschild A (2012) Apparent clock variations of the Block IIF-1 (SVN62) GPS satellite [J]. GPS Solutions, 2012, 16 (3): 303-313.

[75] Montenbruck O, Rizos C, Weber R, Weber G, Neilan R, Hugentobler U. Getting a grip on multi-GNSS: the international GNSS service MGEX campaign [J]. GPS world, 2013b, 24 (7): 44-49.

[76] Niell A E. Global mapping functions for the atmosphere delay at radio wavelengths [J]. Journal of Geophysical Research: Solid Earth, 1996, 101 (B2): 3227-3246.

[77] Odijk D, Khodabandeh A, Nadarajah N, et al. PPP-RTK by means of S-system theory: Australian network and user demonstration [J]. Journel of Spatial Science, 2017, 62 (1): 3-27.

[78] Odijk D, Teunissen P J G, Huisman L. First results of mixed GPS+ GIOVE single-frequency RTK in Australia [J]. Journal of Spatial Science, 2012, 57 (1): 3-18.

[79] Odijk D, Teunissen P J G. Characterization of between-receiver GPS-Galileo inter-system biases and their effect on mixed ambiguity resolution [J]. Gps solutions, 2013, 17 (4): 521-533.

[80] Odijk D, Zhang B, Khodabandeh A, Odolinski R, Teunissen P J G. On the estimability of parameters in undifferenced, uncombined GNSS network and PPP-RTK user models by means of S-system theory [J]. Journel of Geodesy, 2016,

90 (1): 15-44.

[81] Odolinski R, Teunissen P J G, Odijk D. Combined BDS, Galileo, QZSS and GPS single-frequency RTK [J]. Gps solutions, 2015, 19 (1): 151-163.

[82] O'Keefe K, Petovello M, Cao W, Lachapelle G, Guyader E. Comparing Multicarrier Ambiguity Resolution Methods for Geometry-Based GPS and Galileo Relative Positioning and Their Application to Low Earth Orbiting Satellite Attitude Determination [J]. International Journal of Navigation & Observation, 2009, 2009 (1687-5990).

[83] Pan L, Zhang X, Guo F, Liu J. GPS inter-frequency clock bias estimation for both uncombined and ionospheric-free combined triple-frequency precise point positioning [J]. Journal of Geodesy, 2018, https: //doi. org/10. 1007/s00190-018-1176-5.

[84] Pan L, Zhang X, Li X, Liu J, Li X. Characteristics of inter-frequency clock bias for Block IIF satellites and its effect on triple-frequency GPS precise point positioning [J]. GPS Solutions, 2017, 21 (2): 811-822.

[85] Paziewski J, Wielgosz P. Accounting for Galileo-GPS inter-system biases in precise satellite positioning [J]. Journal of Geodesy, 2015, 89 (1): 81-93.

[86] Petit G, Luzum B IERS Conventions 2010 (IERS Technical Note No. 36).

[87] Píriz R, Calle D, Mozo A, Navarro P, Rodríguez D, Tobías G, Spain G. Orbits and clocks for GLONASS precise-point-positioning [J]. Proceedings of International Technical Meeting of the Satellite Division of the Institute of Navigation, 2009: 2415-2424.

[88] Rocken C, Johnson J, Van Hove T, Iwabuchi T. Atmospheric water vapor and geoid measurements in the open ocean with GPS [J]. Geophysical research letters, 2005, 32 (12).

[89] Saastamoinen J Atmospheric correction for the troposphere and stratosphere in radio ranging of satellites, in The Use of Artificial Satellites for Geodesy [J]. Geophys. Monogr. Ser., 1972, 15.

[90] Satirapod C, Luansang M. Comparing stochastic models used in GPS precise

point positioning [J]. Survey Review, 2008, 40 (308): 188-194.

[91] Schaer S. Differential code biases (DCB) in GNSS analysis [C]. In: Proceedings of IGS workshop, Miami Beach, USA, 2-6 June, 2008.

[92] Schaer S. From differential to absolute code biases [C]. In: Proceedings of IGS workshop, Uni Bern, 18-19 January, 2012.

[93] Schaer S. SINEX_BIAS-Solution (Software/technique) Independent Exchange Format for GNSS Biases Version 1.00, December 7, 2016.

[94] Shi C, Yi W, Song W, Lou Y, Yao Y, Zhang R. GLONASS pseudorange inter-channel biases and their effects on combined GPS/GLONASS precise point positioning [J]. GPS Solutions, 2013, 17 (4): 439-451.

[95] Steigenberger P, Hugentobler U, Hauschild A E, Montenbruck O. Orbit and clock analysis of Compass GEO and IGSO satellites [J]. Journal of Geodesy, 2013, 87 (6): 515-525.

[96] Tang W, Deng C, Shi C, Liu J. Triple-frequency carrier ambiguity resolution for Beidou navigation satellite system [J]. GPS Solutions, 2014, 18 (3): 335-344.

[97] Tegedor J, øvstedal O. Triple carrier precise point positioning (PPP) using GPS L5 [J]. Survey Review, 2014, 46 (337): 288-297.

[98] Teunissen P J G, Joosten P, Tiberius C. A comparison of TCAR, CIR and LAMBDA GNSS ambiguity resolution [C]. In: Proceedings of ION GPS 2002, Institute of Navigation, Portland, OR, 24-27, September, 2002: 2799-2808.

[99] Teunissen P J G, Odijk D, and Zhang B. PPP-RTK: Results of CORS Network-based PPP with Integer Ambiguity Resolution [J]. Journal of Aeronautics, Astronautics and Aviation, Series A, 2010, 42 (4): 223-230.

[100] Teunissen P J G. On the GPS widelane and its decorrelating property [J]. Journel of Geodesy, 1997, 71 (9): 577-587.

[101] Teunissen P J G. The least-squares ambiguity decorrelation adjustment: a method for fast GPS integer ambiguity estimation [J]. Journal of Geodesy, 1995, 70 (1-2): 65-82.

[102] Tolman B W, Kerkhoff A, Rainwater D, Munton D, Banks J. Absolute precise kinematic positioning with GPS and GLONASS [J]. Proceedings of International Technical Meeting of the Satellite Division of the Institute of Navigation, 2010.

[103] Tu R, Ge M, Zhang H, Huang G. The realization and convergence analysis of combined PPP based on raw observation [J]. Advances in Space Research, 2013, 52 (1): 211-221.

[104] Verhagen S, Tiberius C, Li B, Teunissen P J G. Challenges in ambiguity resolution: biases, weak models, and dimensional curse [C]. In Proceedings of satellite navigation technologies and European workshop on GNSS signals and signal processing, 2012.

[105] Vollath U, Birnbach S, Landau H. Analysis of three carrier ambiguity resolution (TCAR) technique for precise relative positioning in GNSS-2 [C]. In Proceedings of ION GPS 1998, pp: 417-426.

[106] Wang J, Feng Y. Reliability of partial ambiguity fixing with multiple GNSS constellations [J]. Journal of Geodesy, 2013, 87 (1): 1-14.

[107] Wang J, Satirapod C, Rizos C. Stochastic assessment of GPS carrier phase measurements for precise static relative positioning [J]. Journal of Geodesy, 2002, 76 (2): 95-104.

[108] Wang N, Yuan Y, Li Z et al. Determination of differential code biases with multi-GNSS observations [J]. Journal of Geodesy, 2016, 90 (3): 209-228.

[109] Wanninger L, Beer S. BeiDou satellite-induced code pseudorange variations: diagnosis and therapy [J]. GPS Solutions, 2015, 19 (4): 639-648.

[110] Wanninger L. Carrier phase inter-frequency biases of GLONASS receivers [J]. Journal of Geodesy, 2012, 86 (2): 139-148.

[111] Werner W, Winkel J. TCAR and MCAR options with Galileo and GPS [C]. In: Proceedings of the ION GPS/GNSS 2003, 9-12 September, Portland, OR: 790-800.

[112] Wu J, Wu S C, Hajj G A, Bertiger W I, Lichten S M. Effects of antenna

orientation on GPS carrier phase [J]. Manuscripta Geodaetica, 1993, 18: 91-98.

[113] Wübbena G, Schmitz M, Bagge A. PPP-RTK: precise point positioning using state-space representation in RTK network [C]. In Proceedings of ION GNSS 2005, Long Beach, CA: Long Beach Convention Center, 2005: 13-16.

[114] Wübbena G. Software developments for geodetic positioning with GPS using TI 4100 code and carrier measurements [C]. In: Proceedings of the 1st international symposium on precise positioning with the global positioningsystem, Rockville, ML, 1985: 403-412.

[115] Xiao G, Sui L, Heck B., et al., Estimating satellite phase fractional cycle biases based on Kalman filter [J]. GPS Solutions, 2018, 22 (3): 82.

[116] Xu A, Xu Z, Xu X, Zhu H, Sui X, Sun H. Precise Point Positioning using the regional BeiDou navigation satellite constellation [J]. Journal of Navigation, 2014, 67 (03): 523-537.

[117] Zhang B, Chen Y, Yuan Y. PPP-RTK based on undifferenced and uncombined observations: theoretical and practical aspects [J]. Journal of Geodesy, 2019, 93 (7): 1011-1024.

[118] Zhang B, Teunissen P J G, Odijk D. A novel un-differenced PPP-RTK concept [J]. Journel of Navigation, 2011, 64 (S1): S180-S191.

[119] Zhang W, Cannon M, Julien O, et al.. Investigation of combined GPS/Galileo cascading ambiguity resolution schemes [C]. In Proceedings of ION GPS/GNSS, 2003: 2599-2610.

[120] Zhang X, Andersen O B. Surface ice flow velocity and tide retrieval of the Amery ice shelf using precise point positioning [J]. Journal of Geodesy, 2006, 80 (4): 171-176.

[121] Zhang X, Forsberg R. Assessment of long-range GPS kinematic positioning errors by comparison of airborne laser and satellite altimetry [J]. Journal of Geodesy, 2007, 81 (3): 201-212.

[122] Zhang X, He X. Performance analysis of triple-frequency ambiguity resolution

with BeiDou observations [J]. GPS Solutions, 2016, 20 (2): 269-281.

[123] Zhang X, Li P. Benefits of the third frequency signal on cycle slip correction [J]. GPS Solutions, 2016, 20 (3): 451-460.

[124] Zhao Q, Dai Z, Hu Z, et al.. Three-carrier ambiguity resolution using the modified TCAR method [J]. GPS Solutions, 2015, 19 (4): 589-599.

[125] Zumberge J, Heflin M, Jefferson D, Watkins M, Webb F. Precise point positioning for the efficient and robust analysis of GPS data from large networks [J]. Journal of Geophysical Research: Solid Earth, 1997, 102 (B3): 5005-5017.

[126] 蔡昌盛, 高井祥. GPS 周跳探测及修复的小波变换法 [J]. 武汉大学学报(信息科学版), 2007, 32 (1): 39-42.

[127] 蔡昌盛. GPS/GLONASS 组合精密单点定位理论与方法 [D]. 徐州: 中国矿业大学, 2008.

[128] 陈华. 基于原始观测值的 GNSS 统一快速精密数据处理方法 [D]. 武汉: 武汉大学, 2015.

[129] 程世来, 张小红. 基于 PPP 技术的 GPS 浮标海啸预警模拟研究 [J]. 武汉大学学报 (信息科学版), 2007, 32 (9): 764-766.

[130] 董大南, 陈俊平, 王解先. GNSS 高精度定位原理 [M]. 北京: 科学出版社, 2018.

[131] 葛茂荣. GPS 卫星精密定轨理论及软件实现 [D]. 武汉: 武汉测绘科技大学, 1995.

[132] 辜声峰. 多频 GNSS 非差非组合精密数据处理理论及应用 [D]. 武汉: 武汉大学, 2013.

[133] 郭斐. GPS 精密单点定位质量控制与分析的相关理论和方法研究 [D]. 武汉: 武汉大学, 2013.

[134] 韩宝民, 欧吉坤. 基于 GPS 非差观测值进行精密单点定位研究 [J]. 武汉大学学报 (信息科学版), 2003, 28 (4): 409-412.

[135] 韩保民, 杨元喜. 基于 GPS 精密单点定位的低轨卫星几何法定轨 [J]. 西南交通大学学报, 2007, 42 (1): 75-79.

[136] 郝明，欧吉坤，郭建锋，等．一种加速精密单点定位收敛的新方法［J］．武汉大学学报（信息科学版），2007，32（10）：902-905.

[137] 何海波，郭海荣，王爱兵，等．长基线双频 GPS 动态测量中的周跳修复算法［J］．测绘科学技术学报，27（6）：396-398.

[138] 何锡扬．Beidou 三频观测值的中/长基线精密定位方法与模糊度快速确定技术［D］．武汉：武汉大学，2016.

[139] 黄丁发，张勤，张小红，等．卫星导航定位原理［M］．武汉：武汉大学出版社，2015.

[140] 黄胜．CHAMP 卫星非差几何法定轨的研究［D］．武汉：中科院测地所，2004.

[141] 李浩军，王解先，陈俊平，等．基于岭估计的快速静态精密单点定位研究［J］．天文学报，2009，50（4）：438-444.

[142] 李盼．GNSS 精密单点定位模糊度快速固定技术和方法研究［D］．武汉：武汉大学，2016.

[143] 李玮，程鹏飞，秘金钟．利用非组合精密单点定位提取区域电离层延迟及其精度评定［J］．武汉大学学报：信息科学版，2011，36（10）：1200-1203.

[144] 李昕，袁勇强，张柯柯，等．联合 GEO/IGSO/MEO 的北斗 PPP 模糊度固定方法与试验分析［J］．测绘学报，2018，47（3）：324-331.

[145] 李星星．GNSS 精密单点定位及非差模糊度快速确定方法［D］．武汉：武汉大学，2013.

[146] 李征航，黄劲松．GPS 测量与数据处理［M］．第三版．武汉：武汉大学出版社，2016.

[147] 刘焱雄，周兴华，张卫红，等．GPS 精密单点定位精度分析［J］．海洋测绘，2005，25（1）：44-46.

[148] 刘志强，王解先，段兵兵．单站多参数 GLONASS 码频间偏差估计及其对组合精密单点定位的影响［J］．测绘学报，2015（2）：150-159.

[149] 楼益栋，施闯，周小青，等．GPS 精密卫星钟差估计与分析［J］．武汉大

学学报（信息科学版），2009，34（1）：88-91.
[150] 马瑞，施闯．基于北斗卫星导航系统的精密单点定位研究［J］. 导航定位学报，2013，1（2）：7-10.
[151] 孟祥广，郭际明．GPS/GLONASS 及其组合精密单点定位研究［J］. 武汉大学学报（信息科学版），2010，35（12）：1409-1413.
[152] 宁津生，姚宜斌，张小红．全球卫星导航系统发展综述［J］. 导航定位学报，2013，1（1）：3-8.
[153] 任晓东，张柯柯，李星星，等．BeiDou、Galileo、GLONASS、GPS 多系统融合精密单点［J］. 测绘学报，2015，44（12）：1307-1313.
[154] 任晓东．多系统 GNSS 电离层 TEC 高精度建模及差分码偏差精确估计［D］. 武汉：武汉大学，2017.
[155] 施闯，赵齐乐，李敏，等．北斗卫星导航系统的精密定轨与定位研究［J］. 中国科学：地球科学，2012（6）：854-861.
[156] 许承权．单频 GPS 精密单点定位算法研究与程序实现［D］. 武汉：武汉大学，2008.
[157] 许长辉．高精度 GNSS 单点定位模型质量控制及预警［D］. 徐州：中国矿业大学，2011.
[158] 叶世榕．GPS 非差相位精密单点定位理论与实现［D］. 武汉：武汉大学，2002.
[159] 易文婷．多系统 GNSS 组合精密单点定位快速收敛与非差模糊度固定方法研究［D］. 武汉：武汉大学.
[160] 易重海．实时精密单点定位理论与应用研究［D］. 长沙：中南大学，2011.
[161] 袁洪，万卫星．基于三差解检测与修复 GPS 载波相位周跳新方法［J］. 测绘学报，1998，27（3）：189-194.
[162] 张宝成，Teunissen J G Peter，Odijk Dennis，等．精密单点定位整周模糊度快速固定［J］. 地球物理学报，2012，55（07）：2203-2211.
[163] 张宝成，欧吉坤，李子申，等．利用精密单点定位求解电离层延迟［J］. 地球物理学报，2011，54（4）：950-957.

[164] 张宝成，欧吉坤，袁运斌，等．基于GPS双频原始观测值的精密单点定位算法及应用 [J]. 测绘学报，2010，39（5）：478-483.

[165] 张宝成，欧吉坤．论精密单点定位整周模糊度解算的不同策略 [J]. 测绘学报，2011，40（6）：710-716.

[166] 张宝成．GNSS非差非组合精密单点定位的理论方法与应用研究 [D]. 武汉：中国科学院测量与地球物理研究所，2012.

[167] 张成军，许其凤，李作虎．对伪距/相位组合量探测与修复周跳算法的改进 [J]. 测绘学报，2009，38（5）：30-35.

[168] 张小红，郭斐，郭博峰，等．利用高频GPS进行地表同震位移监测及震相识别 [J]. 地球物理学报，2012，55（6）：1912-1918.

[169] 张小红，郭斐，李星星，等．GPS/GLONASS组合精密单点定位研究 [J]. 武汉大学学报（信息科学版），2010，35（01）：9-12.

[170] 张小红，何锡扬．北斗三频相位观测值线性组合模型及特性研究 [J]. 中国科学：地球科学，2015，45（05）：601-610.

[171] 张小红，李星星，李盼．GNSS精密单点定位技术及应用进展 [J]. 测绘学报，2017：1399-1407.

[172] 张小红，李星星．非差模糊度整数固定解PPP新方法及实验 [J]. 武汉大学学报（信息科学版），2010（6）：657-660.

[173] 张小红，刘经南，Forsberg R. 基于精密单点定位技术的航空测量应用实践 [J]. 武汉大学学报（信息科学版），2006，31（1）：19-22.

[174] 张小红，柳根，郭斐，等．北斗三频精密单点定位模型比较及定位性能分析 [J]. 武汉大学学报（信息科学版），2018，43（12）：2124-2130.

[175] 张小红，吴明魁，刘万科．BeiDou B2/Galileo E5b短基线紧组合相对定位模型及性能评估 [J]. 测绘学报，2016，45（S2）：1-11.

[176] 张小红，左翔，李盼，等．BDS/GPS精密单点定位收敛时间与定位精度的比较 [J]. 测绘学报，2015（3）：250-256.

[177] 张小红，左翔，李盼．非组合与组合PPP模型比较及定位性能分析 [J]. 武汉大学学报（信息科学版），2013，38（5）：561-565.

[178] 章红平，高周正，牛小骥，等．GPS 非差非组合精密单点定位算法研究［J］. 武汉大学学报（信息科学版），2013，38（12）：1396-1399.

[179] 朱永兴，冯来平，贾小林，等．北斗区域导航系统的 PPP 精度分析［J］. 测绘学报，2015（4）：377-383.